U0166164

后浪

立体书艺术

[法] 让-夏尔·特雷比 著　　潘鑫鑫 译

四川美術出版社

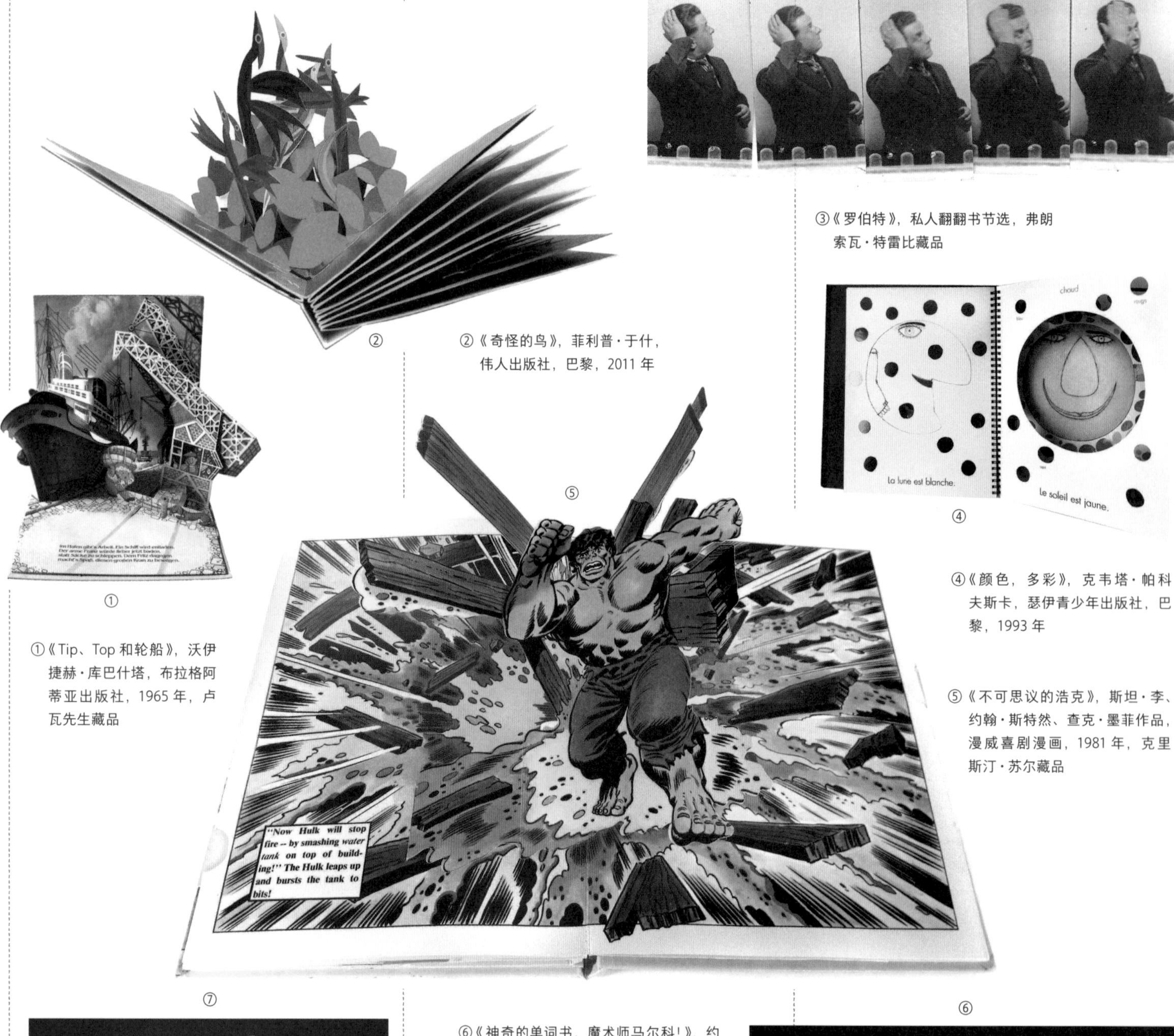

①《Tip、Top 和轮船》，沃伊捷赫·库巴什塔，布拉格阿蒂亚出版社，1965 年，卢瓦先生藏品

②《奇怪的鸟》，菲利普·于什，伟人出版社，巴黎，2011 年

③《罗伯特》，私人翻翻书节选，弗朗索瓦·特雷比藏品

④《颜色，多彩》，克韦塔·帕科夫斯卡，瑟伊青少年出版社，巴黎，1993 年

⑤《不可思议的浩克》，斯坦·李、约翰·斯特然、查克·墨菲作品，漫威喜剧漫画，1981 年，克里斯汀·苏尔藏品

⑦ 为庆祝《莫尔杜王子光滑好看的梨》第一版问世 30 年设计的立体书收藏本，白色模型，贝尔纳·迪西设计，伽利玛青少年出版社

⑥《神奇的单词书，魔术师马尔科！》，约瑟夫·马修配图，佩尼克纸艺设计，兰登书屋和儿童电视工作坊出版，1973 年，丹尼·特里克藏品

⑧

⑧《坏招》，法国 ICINORI 插图工作室，马乌米·奥特罗、拉斐尔·乌尔威勒作品，2011 年

⑨

⑨《森林着火的那天》，安德烈·加西亚·皮门塔，2010 年

引言

第一章　技术

第二章　主题和藏品

第三章　纸艺工程师

第四章　立体书之外

第五章　立体书样板

引言

纸艺建筑师

我对纸的艺术非常感兴趣。纸虽然是一种很普通的材料，但应用范围极广。我作为一名建筑设计师，就曾用纸板做过建筑模型。1980 年，我看到了日本建筑设计师、“折纸建筑”发明者茶谷正洋（Masahiro Chatani）的作品，他的作品是纸张经过折叠形成的一个个立体造型。茶谷正洋给许多当代艺术家带去灵感。后来我在意大利设计杂志 *Domus* 上看到一篇文章，该文介绍了布鲁诺·穆纳里（Bruno Munari）的“旅途纸雕”。这两位艺术家的奇思妙想及设计理念给了我很大触动：立体造型竟然可以呈现出这么多形态。看到他们的作品之后，我对折纸艺术和纸雕艺术产生了浓厚的兴趣，甚至达到如痴如醉的程度，并由此写了两本书：《折叠的艺术》和《纸雕艺术》。在推出这两本书之后，如今《立体书艺术》又与读者见面了，也可算是前两部作品的续篇吧——因为折叠和纸雕是两个反复出现的主题，也是立体书艺术最常采用的基本技巧。

本书精选了部分纸艺工程师和立体书艺术家的作品，对某些技巧做了明确的解释，同时也融入了我对纸艺设计的看法。这不是一部百科全书，因为我不可能把所有立体书艺术的作品都搜集齐全，只希望把立体书奇妙的方方面面都展现出来，并尝试去解答如下问题：

—— 立体书问世时，有哪些主要始创者？

—— 该采用哪些技巧来制作立体书？

—— 制作立体书要达到什么样的效果？（立体书要呈现出某种神秘感，让某些场景即刻出现或消失，令纸质读物产生动感。）

此外，还应该拓宽立体书的创作视野。要做到这一点，有两条道路可供选择：一是回到立体书的源头——折纸，各种形态的折纸是拓宽创作视野的基础；二是摆脱立体书常用的纸质媒介，采用其他材料。本书所介绍的诸多新一代插画艺术家就是这样做的，他们着实为立体书艺术注入了新的活力。

美国和英国是世界两大纸艺工程师云集的国家，不过近些年来，法国也毫不逊色，其设计成果相当引人瞩目。

在立体书制作过程中，有一类人扮演着非常重要的角色，但奇怪的是，很少有人会谈起他们。他们是“纸艺创作工匠”，又名“纸艺工程师”，他们将折纸艺术和纸雕艺术的制作技巧与组装手法巧妙地结合在一起。我在此谨向他们表示敬意，并把版面留给他们，让他们去表达自己的想法。

依照纸艺工程师贝尔纳·杜伊兹的说法，在法国很少有人认可“纸艺工程师”这个称呼，因为在这个译法当中，“工程”一词涉及的是技术领域，这一点会误导人，让大家以为这是指纸张制造，但其实它代表着“设计、创造、做造型”的意思。

①

②

③

①《每日快讯儿童年鉴》第 1 期，“引入自动装配模型作为插图”，路易斯·吉罗编，伦敦，1929 年

②《阿里巴巴和四十大盗》，立体音乐画册，布勒克文、基尔达斯配图，鲁卡士出版社，米卢斯，1957 年

③《我的眼睛灵动且明亮》，杰尼奥出版社，米兰。圣诞老人的眼睛会动，在黑暗中还会发光

④

不言而喻，一位纸艺工程师必须清楚材料的物理特性及其在不同应用条件下的变化。他尤其需要掌握一些技巧，以此构建起整个立体书的机动系统，如移动、旋转、延展等。

如今全世界的纸艺工程师不过百人，其中有十几位在法国。他们的教育背景各不相同——建筑、设计、插图、包装、广告。有些人是自学成才的，有些人毕业于应用艺术、绘图艺术和装饰艺术等专业。

雅克·德斯是一位巴黎书商，一直着迷于这些“玩具书”。10余年来，他和蒂鲍特·布鲁乐索共同推动着立体书事业的发展。

当我和他谈起写这本书的构想时，他热情地给我提出建议，跟我分享他的经验，同时还向我讲述了他如何历史性地看待立体书的发展。

让-夏尔·特雷比

⑤

⑥

⑦

④《小小动画魔术师向您吐露了他的秘密》，魔术师乔治奥构思，杰曼·布雷配图，罗伯特·德·隆尚设计动画，1949年

⑤《一个红点》，大卫·卡特，怀特热公司

⑥ 折纸建筑卡片，日本艺术家茶谷正洋

⑦《航行的帆船》，罗恩·范德梅尔、艾伦·麦克戈万博士著，博耶·斯文松配图，1984年

① “布卡诺故事系列” 第 16 卷，路易斯·吉罗，伦敦塔桥插图，1949 年

立体书的历史和现状

雅克 · 德斯，法国

作为一名旧书书商，我和很多人一样费尽心思地寻找一些“珍宝”，并将它们投入市场。大约 15 年前，我偶然间发现了一些有点儿奇怪的书，这些书展现了立体景观，书中带有拉杆，有的还出现了其他一些反常规的东西。这些奇奇怪怪的书上既没作者，也没出版日期，只有出版商或印刷商的名称。如此一来，读者很难知道这些书的来历以及创作者的信息。我把这些书统称为“来源未知的怪书”。

由此，我着手搜集文献，但找到的，只有在 1968 年发表的一篇相关文章，1982 年鲁昂图书馆的一次展览，以及一些英语出版物。

1990 年年底，我开始购买这些有趣的书。这样做是为 2003 年巴黎书展做准备，那次展览展出了 17 世纪以来出版的 600 本立体书。展览办得非常成功，人们在介绍书的时候也会介绍卡蒙贝尔奶酪、邮票或是其他有相关风格或特色的藏品。展出的书籍来自各个不同的时期，类型各异，有的作品平淡无奇，有的很有吸引力。2002 年是一个大师辈出的年份，那一年，世界级立体书大师罗伯特 · 萨布达（Robert Sabuda）开始真正崭露头角，法国纸艺大师菲利普 · 于什（Philippe UG）创作出了第一本真正意义上的立体书 ——《强力弹出》。

事实上，大众的观念也正在发生变化。这些立体书一般被视为玩具，但书的神圣、严谨与玩具的娱乐性质恰恰相反。以前人们忽略甚至轻视这些有趣的书，现在大家终于摆脱偏见，意识到这些原来给小孩看的、不起眼的艺术作品，无论从外表还是内涵来看，都如此有趣。

②

③

②《两个世纪以来的立体书》，展览目录，雅克 · 德斯出版社，多芬集市，巴黎，2002 年

③《强力弹出》，菲利普 · 于什，剑桥图书出版社，2002 年

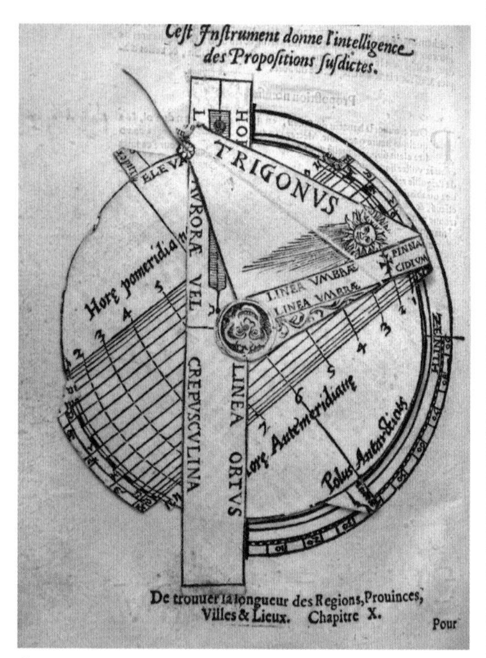

①

②

①《宇宙学或世界各地图景》，阿皮安努斯著，乔治·蓬皮杜图书馆馆藏，1575 年

②《百万亿首诗》，雷蒙·格诺著，巴黎伽利玛出版社，1961 年

什么是立体书？

人们想要谈论立体书或是要让人对它产生兴趣，就必须找到一个定义，但如今还没有这样的定义。

立体书首先以读者参与为主要特征：读者翻开书，动画效果就随着纸页的移动开始进行；所有立体设计都强调转化书中的内容，制造意外的效果，让读者大吃一惊。一本好的立体书就像是一个圣诞礼物，能引来人们无数次的惊叹。

立体书的发展史

立体书和传统书籍出现的时间几乎一样，历史非常久远，不过直到 19 世纪时，它的主要读者群体才转变为儿童。最初，立体书是学术性、说教性的读物。13 世纪，马修·帕里斯（Matthew Paris）所著的《大编年史》手稿里第一次出现了移动纸盘的形式。马修·帕里斯为了节省翻书的时间将书中的计算表格做成可移动的圆盘。

移动纸盘的设计也出现在 15 世纪初拉曼·鲁尔（Ramon Llull）《组合技艺》的手稿中。中世纪末，出现了用叠加的图画设计的解剖学造型，这些叠加的图画是可以取下来的，人们一眼便可了解到人体的整个构造。自 19 世纪以来，这种通过叠加纸张展现解剖图画的方法已经经历了无数次演变。

第一本公认的立体书是皮埃尔·阿毗昂（Pierre Apian）的《宇宙学》，这本书于 1524 年出版，书中带有一些可移动的纸板，用来展现天体运动。不过，在 1500 年前的早期印刷时代，书中就已经出现了可移动的零件。16 世纪至 18 世纪，一些科学题材的立体书出版了，主要是沙卡罗波斯柯、博桑丹、诺多尼耶等出版社出版的作品。

另一本很有创意的书是勒特布沃神父的《被剪下的忏悔词》。这本书 1655 年出版，直至 18 世纪中叶多次再版。书中列出了所有人们能想到的罪行，这些罪行被一条条剪成条状，神父只需从边缘翻起纸条，就可以提醒忏悔者要忏悔什么罪行。这是神学类书籍中的第一本立体书，如今被称作“混搭书”。这本书也成了雷蒙·格诺（Raymond Queneau）1961 年出版的《百万亿首诗》的灵感来源。在《百万亿首诗》中，诗句被剪成条状，通过前后页诗句的随机排列组合可以产生无数首不同的诗。

在这些简朴的古书中，我们已经看到了 21 世纪初立体书的影子。

18 世纪：趣味性的开始

18 世纪，立体书开始变得有趣了。这些神奇的书风靡一时。书页边缘处一个简单的凹槽设计，可以让读者用不同的打开方式看到不一样的内容。

罗伯特·萨耶（Robert Sayer）的作品《滑稽剧》于 1765 年在英国出版，作品的纸张被裁切成好几个部分，读者可以像魔术师一样，将其组合成不同的样子。18 世纪也是第一批透视镜和西洋镜玩具兴起的时期，这些玩具的特色是：不同的镂空纸艺场景呈现在不同的平面上，并往深处展开。其中最有创意的是马丁·恩格布莱希特（Matin Engelbrecht）的作品，读者可以通过透视镜看到令人惊叹的立体效果。

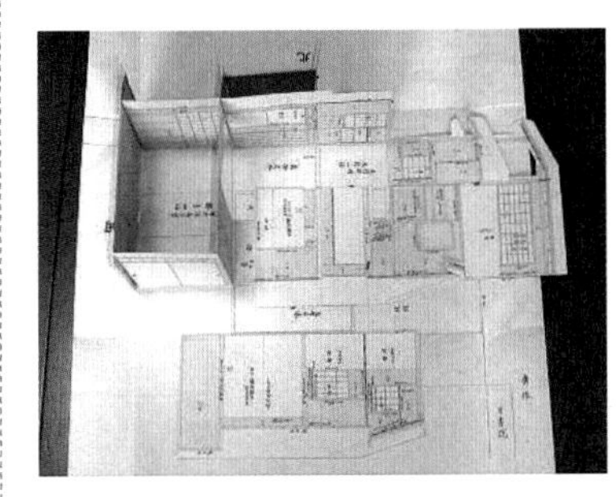

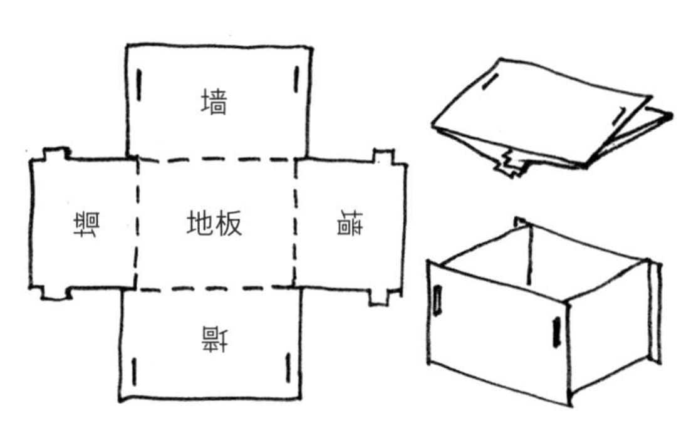

③ Okoshi-ezu 是一种三维纸质组合，这种设计常用于茶室。这种模型可以追溯到江户时代（1603—1868 年），高原喜原绘图

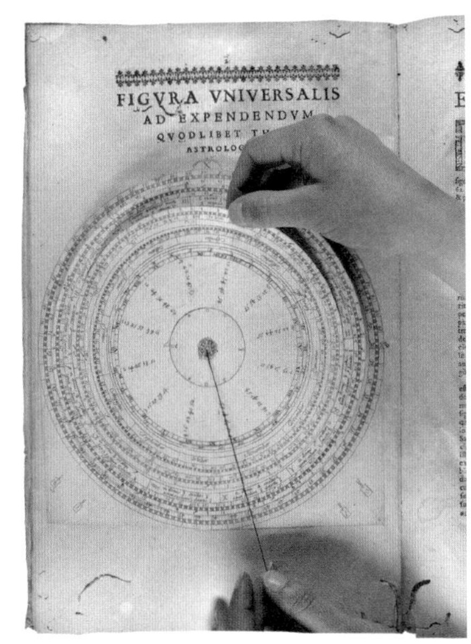

④《新占星术》，伊夫・德・帕里斯著，图卢兹市图书馆馆藏，创作于 1654—1658 年

⑤《被剪下的忏悔词》，克里斯多夫・勒特布沃神父著，巴黎，1655 年

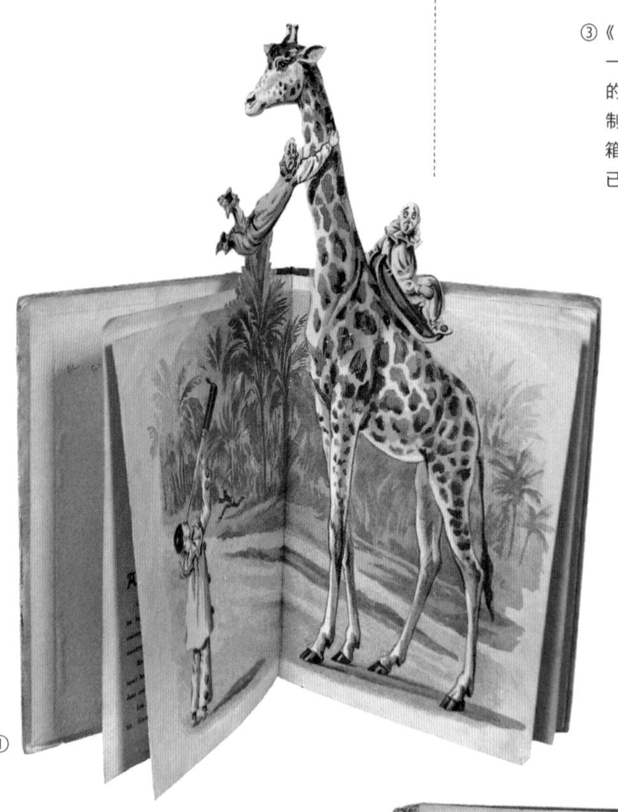

③《有声配图书》，1885—1893 年。每一个故事都配有一种响声，开启声响的拉杆机关是由一根细绳加上一个骨制的小拉手组成的，书末藏着一个风箱盒子。这部有名的著作源自德国，已被译成多种语言出版

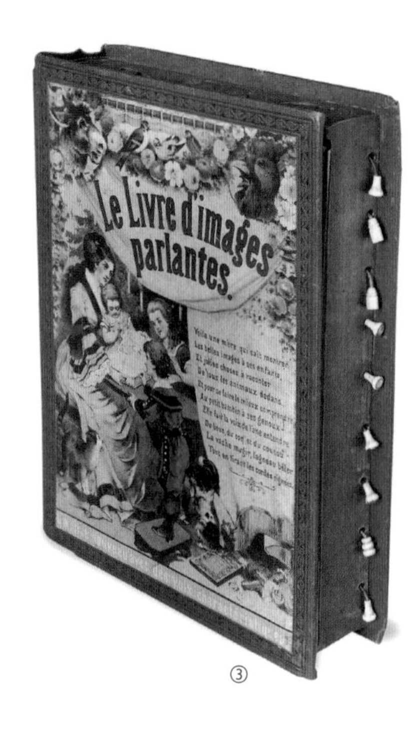

①《集市上》，皮埃尔·德莱古尔，法国卡本笃玩具书出版公司，1990 年，图卢兹市图书馆馆藏

②《夏日马戏团里的砰砰声》，阿尔蒙·布尔加德，法国卡本笃玩具书出版公司，1890 年，乔治·蓬皮杜图书馆馆藏

— 114 —

de Serine était toujours à ses yeux le plus charmant des tableaux, et il aurait voulu en avoir mille copies.

Mais alors la Fée, piquée de voir qu'il avait pris et quitté vingt volumes dans un quart d'heure, et qu'il profitait si peu des avis qu'elle lui avait donnés, voulut punir son inconstance. Lorsque le jeune prince semble le plus occupé du Portrait de sa sœur (*), Nira fait disparaître ce tableau, et on voit à la place un Bouquet de roses.

Lindor soupçonna que la bonne Fée voulait lui rappeler qu'en changeant sans cesse d'objet, on ne peut en posséder

④《有动图的玩具书》，让-皮埃尔·布雷斯，1831 年，图卢兹市图书馆馆藏

创新的世纪

第一批青少年类和儿童类立体书在19世纪初同时问世。1820年，一些具有教育意义的书诞生了，人们称这些书为“厕所书”。这一类书中有一些小图画，揭开这些图画会有另一幅新的图画，某些图画甚至含有寓意。例如在珠宝盒下面，藏着一个关于“谦卑”主题的游戏。同时期，有一位名叫富勒（Fuller）的英国人编辑出版了第一批带有玩具娃娃的书，娃娃的服装能替换。这些会动的人物形象，加上可以裁剪的小物件，等着被读者放置到场景中，或者直立摆放在书桌上。

让-皮埃尔·布雷斯（Jean-Pierre Brès），这位有些标新立异的法国人，第一个想到要在书里面加入当时流行的、配有拉杆的图像。他的作品《有动图的玩具书》于1831年出版，是第一本让读者参与互动的书——书本边缘标有提示符号，提醒小朋友拉动小纸条发现不同的图画。

之后不久，即1835年前后，利奥波德·奇马尼（Léopold Chimani）设计完成了奥地利第一本立体书。直到19世纪60年代，真正带有立体图画的“场景书”才由巴黎介朗·米勒出版社设计出版。在这些特殊的“场景书”中，一幕幕场景会随着读者拉动拉杆而竖起来。另一种在19世纪60年代兴起的立体书是“魔术书”，或称为“变景书”，这类书里面的百叶窗可以使一幅图画转变为另一幅图画。

1870年至1880年，立体书的出版量开始增多，作品富有创意。结合透镜图原理，诞生了很多精彩的作品，这些作品被人们称为“微型电影”。19世纪末，第一本有声书问世，书中的拉杆可以控制风箱，发出各种动物的声音。创作者主要是一些流亡到英国的德国人，比如欧内斯特和塔克。书里配的彩色图片略显造作。

19世纪，最著名的立体书大师当属德国人洛萨·梅根多夫（Lothar Meggendorfer，1847—1925年），他是一位杰出的近景创作家和插画师。他曾经创作多达百余部作品，其中一部是1887年出版的《国际大马戏团》（一幅长达1米的全景立体图）。

从1880年起，洛萨·梅根多夫愈发多产，作品也更加丰富多元。可以说，他尝试了所有的立体书设计方式，但主要还是以拉杆为主。拉杆书只需要一根拉杆，就可以牵动一堆会动的零件，这在当时堪称绝妙的创意。

动起来的图画

1898年，第一本运用光学幻象原理的立体书诞生了，即在英国设计出版的《神奇会动的图画书》。这本书的法语版于次年出版，书名为《动图集》，精美的封面是由图卢兹·劳特累克设计的，他设计此类作品仅此一次。为了让图画富有生机和立体感，设计师想尽了各种方法。当时是幻灯技术、光学实用镜技术、全景技术以及立体成像技术发展的时期。运用这些技术可以展示动图，这场变革也宣告了电影的诞生。19世纪末，大量手翻书问世，立体书与动画书开始融合。手翻书是一种开本很小的书，通过快速翻页制造动画效果。

⑤

⑤《大动物园》，法国卡本笃玩具书出版公司，巴黎

第一次世界大战之后，立体书内容索然无味，出版质量直线下降，销量也下降。两次世界大战期间，前沿创作者们只是简单谈论作品主题而没有真正投入立体书的创作，他们寻求提高读者参与度的方式，比如在书中设置游戏项目，但对普通的玩具书缄口不提。由托尔默（Tolmer）负责编辑的两部作品——雅克·罗伯特的《白色游轮》和安德鲁·赫勒的《小精灵闭眼了》给立体书注入了新活力。《小精灵闭眼了》是丝印、裁剪后，再借助双层装订技术组装起来的。

1929 年，特雷多尔·布朗（Théodore Brown）应英国出版商路易斯·吉罗（Louis Giraud）之邀创作了首批自动立体书（一翻开书，图片就会自动立起来），1934 年出版的“布卡诺故事系列”采用的就是这种形式。20 世纪 30 年代中期，市场上涌现出了一批高质量的立体书，“pop-up”（立体书）这个词也随之广泛传开。这个词是由美国人哈罗德·伦茨（Harold Lentz）在 1932 年提出的。当年，他的蓝丝带出版社销售了 30 万册立体书，不幸的是，该出版社在三年后倒闭了。与此同时，第一批迪士尼立体书出版，在法国发行。1949—1953 年，市场上开始出现带拉杆的立体书，其中要数《巴巴尔》和《人与跳蚤》最精美。

①

②

③

①《白色游轮》，又名《莫卡·科科拉历险》，雅克·罗伯特著，托尔默编，1928 年
②《小车迷》，沃伊捷赫·库巴什塔著，布拉格阿蒂亚出版社，1981 年
③《嗨，米奇》，华特·迪士尼著，阿歇特出版社，1934 年

战后：睿智和简洁之风

战后，朱利安·维尔（Julian Wehr）结合拉杆结构，创作了很多优秀的作品。接着，法国的罗伯特·德·隆尚（Robert de Longchamp）延续了他的做法。隆尚任职于蓝色波涛出版社——这家出版社曾出版过吉尔曼·布赫的立体书作品，预示了法语国家的出版商从 20 世纪 70 年代末开始逐渐接受立体书的概念。在意大利，著名设计师布鲁诺·穆纳里创作了一些简洁风格的立体书，这些书在巴黎三只熊出版社的推广下，市场反响非常不错。20 世纪 50 年代到 60 年代，法国米卢斯市的吕科斯出版社也出版了很多立体书，但由于这些作品没有被译介到英语国家，所以鲜为人知。

在布拉格，阿蒂亚出版社出版了沃伊捷赫·库巴什塔（Vojtech Kubasta）的很多作品。库巴什塔一生中至少创作了 120 部作品，其中包括著名的“Tip 和 Top”系列[1]和令人印象深刻的“全景书”。他的创作方式多种多样，一般是用单张纸巧妙地折叠出整个场景，不用胶水粘贴，既简洁又经济。库巴什塔能在空间中构思出大场景，非常了不起。我必须承认，我偏爱这位创作者——如今很多人都受到他的启发——我尤其喜欢他作品中传达的“简单”“天真”等理念。

20 世纪 60 年代末，一位美国编辑为了将库巴什塔的作品引入美国，想从捷克订购 100 万本样书，但由于政治原因，捷克拒绝了这一请求。这位美国编辑就是沃尔多·亨特（Waldo Hunt）。在被捷克拒绝后，他决定开创自己的立体书事业。

20 世纪 60—70 年代：现代立体书的兴起

沃尔多·亨特创办了互视国际公司，以出版立体书为主，出版的作品动感十足，美式风格浓厚，融合了各种立体工艺——不仅有立体大场景，还有拉杆、折页和移动纸盘等。它们色彩缤纷，充满创造力，吸引了众多知名插画师前来合作，如尼古拉斯·贝利、艾瑞·卡尔、爱德华·戈里……

1979 年，互视国际公司出版了扬·皮恩科斯基（Jan Pienkowski）的作品《鬼屋》，这本书一直到现在都很畅销，它结合了包括声音技术在内的所有立体书的设计工艺。

1　1961—1964 年，库巴什塔创作的儿童故事，Tip 和 Top 是故事中一胖一瘦的两个小学生。——译注

④《假期万岁》，埃赫勒配图，吕科斯出版社，1950—1960 年

⑤《老旋律》，路易斯·吉罗编，伦敦

⑥《姆明、美梅拉夫人和亚美》，托芙·扬松著，1952 年

⑦《每日快讯儿童年鉴》第 1 期，路易斯·吉罗编，伦敦，1929 年

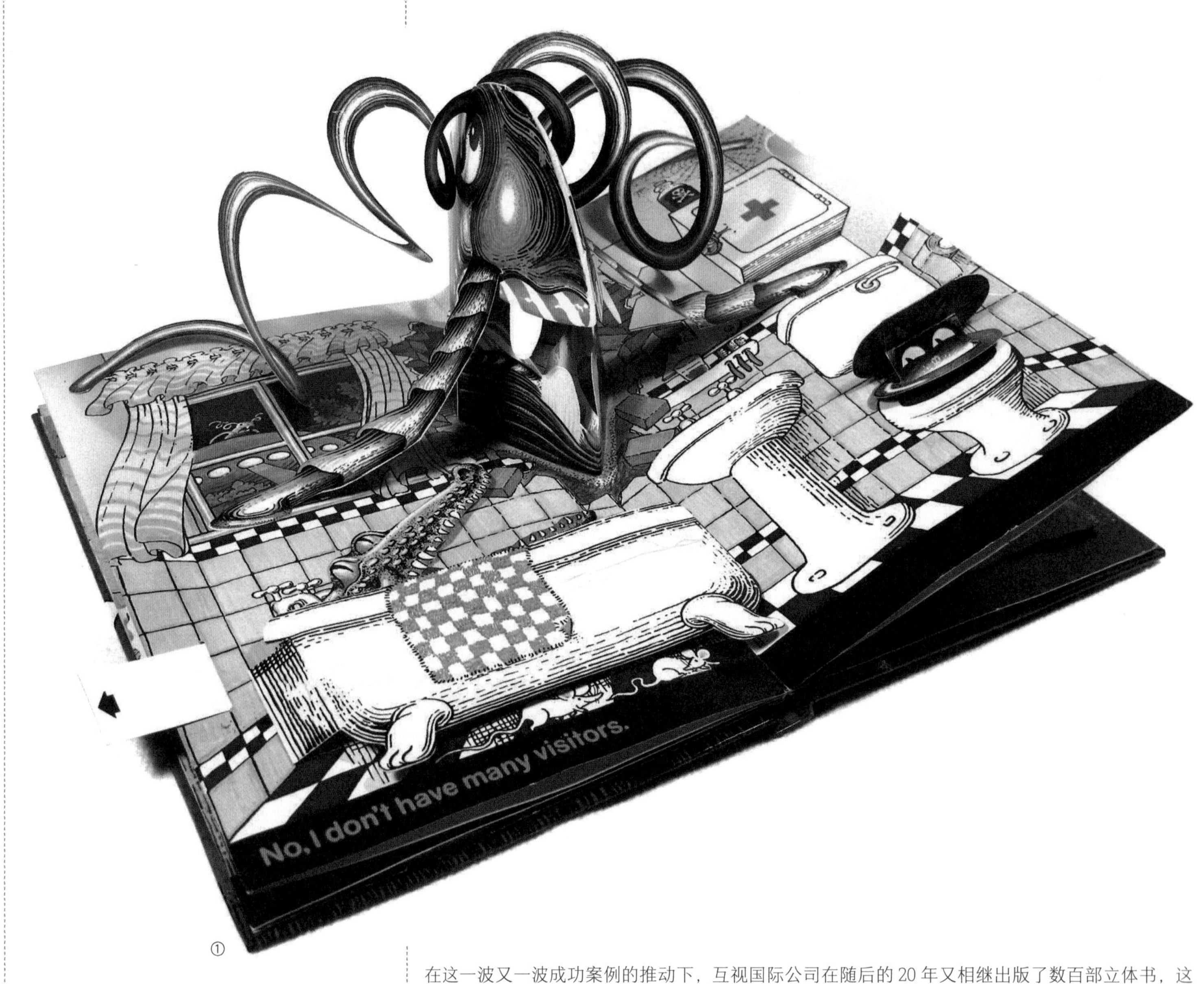

①

在这一波又一波成功案例的推动下，互视国际公司在随后的 20 年又相继出版了数百部立体书，这些书大部分都绝妙无比。这一时期也被视为继洛萨·梅根多夫时代之后立体书发展的第二个黄金时期。后来，安迪·沃霍尔创作了《索引书》，向沃尔多·亨特致敬，该书由互视国际公司出版。这本书完美诠释了立体书的内涵，一度受到读者的青睐。

除了童书，艺术家和插画家也一直在创作面向成人的立体书。最让人惊叹的当属莫里斯·亨利在 1954 年出版的《空白的转变》。实际上，这本书的灵感最初来源于托芙·扬松在 1952 年于瑞典出版的童书《姆明、美梅拉夫人和亚美》，后者当时在法国鲜有人知。值得一提的还有以下几位艺术家：贝蒂尼、皮埃尔·埃泰、胡里奥·普拉查、迪特尔·罗斯和当今日本插画师驹形克己（Katsumi Komagata）。

“混搭书”，又称为“七拼八凑书”，是最简单的一种立体书形式。书的每一页都被分割成三个或四个部分，前后页的图案随机组合。这种形式给了插画师和造型艺术家许多灵感，比如法国雕塑家克里斯蒂安·波尔坦斯基。

①《鬼屋》，扬·皮恩科斯基，玩具书纸艺大师托罗维克配图，纳唐出版社，巴黎，1979 年。沃尔多·亨特说，立体书以前一直被看作玩具，属于低档次读物，而这本书的成功改变了人们对立体书的看法。另外，这本书也开启了鬼怪类书籍的新时期，在 20 世纪 90 年代一度风行

出版和制作

立体书的出版具有国际性。从 19 世纪初开始，很多作品都会有两到三种语言版本。梅根多夫的作品目前有十几种语言版本，库巴什塔的作品有 37 种语言版本。立体书的制作也是全球化的。从 19 世纪 60 年代开始，大部分法国出版的作品都由英国或德国的出版社制作，比如迪恩出版社、塔克出版社、爱丝铃歌出版社、勒文松出版社等。这种情况一直延续到第二次世界大战。战后，法国出版的大部分作品都在美国制作。

立体书制作地点的变化折射出地缘经济的发展：最初全球制造业重心在欧洲和美国，20 世纪 40 年代到 50 年代开始转移到一些发展中国家。以前，立体书一般是由手工制作；此时，它已经可以由机器大批量完成。正因为有了这样一种全球化的制作和出版背景，立体书才能够以低价出售（一本结构复杂的立体书只卖 15 欧元到 30 欧元）。

②

美国机器和法国工匠

互视国际公司的成功带动了一批真正意义上的纸艺设计师，他们中的很多人如今已成为知名艺术家，如罗伯特·萨布达、大卫·卡特（David A. Carter）、基思·莫斯利（Keith Moseley）、朗·范德·米尔（Ron Vander Meer）、查克·墨菲（Chuck Murphy）、基斯·莫尔贝克（Kees Moerbeek）、詹姆斯·迪亚兹（James Diaz）等。这些艺术家创作了许多让人印象深刻的作品，如萨布达的“圣诞”系列、卡特的“抽象派”系列等。但如今，立体书的质量泥沙俱下、鱼龙混杂……

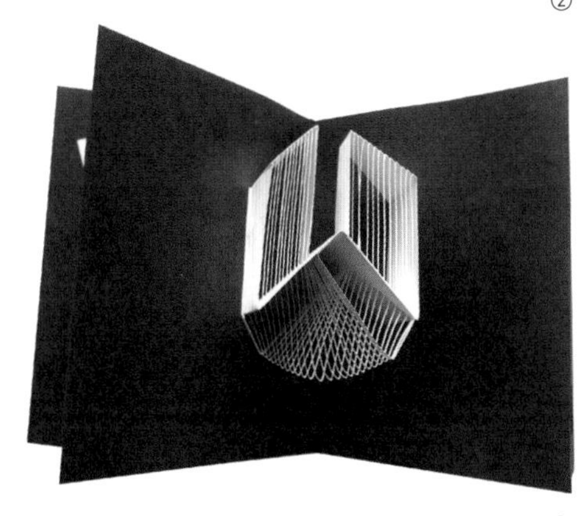

③

②《奇怪的鸟》，菲利普·于什，伟人出版社，巴黎，2011 年

③ *ABC 3D*，马里翁·巴塔伊，阿尔班·米歇尔少儿出版社，2008 年

除了这批杰出的美国纸艺设计师，近来涌现出一批“法国流派”。像菲利普·于什、加埃尔·佩拉绍（Gaëlle Pelachaud）等寥寥可数的几位艺术家和一些纸艺工程师默默无闻地工作着，出版了几部立体书作品。他们的创作各有特色，并且都不以追求技术为目的。他们认为，技术只服务于想法或某种美学观，不能当作目的。这样的观点催生了一批吸引人眼球的作品，如阿诺克·博伊斯罗伯特（Anouck Boisrobert）和路易·里戈（Louis Rigaud）的作品《立体城市》和《懒汉的森林》，让-夏尔·卢梭（Jean-Charles Rousseau）的《美丽斗兽士》和《游戏爱你》（这本书的封面呈射线状，场景宏大）。其中有一些卖得很好，像马里翁·巴塔伊（Marion Bataille）的 *ABC 3D*，刚开始只卖了 30 本，如今全球销量已达 20 万册。这一切都表明，自此立体书有了一席之地，它高档而简约，没有粗俗的内容，成人和孩子都适合。

地位和变迁

人们一直都轻视立体书，很多大型图书馆都没有这类藏书，立体书的学术价值一直不被人接受。这种境况从 20 世纪 90 年代起随着世界收藏者协会（又名立体书协会）的创立开始有所改变。大范围的研究和盘点工作由此展开，展览和出版在全世界如火如荼地进行：一些如纽约现代艺术博物馆这样的大型机构将立体书作为永久藏书；法国国家图书馆 2008 年展出了一批立体书；里昂印刷博物馆 2012 年也办了立体书展览……如今，现代立体书似乎已经找到了自己的发展之路，这将会带给读者更多的欢乐！

——根据雅克·德斯 2011 年 2 月在斯特拉斯堡插图中心会议上的发言整理

④

④ 自右向左分别为：雅克·德斯、蒂博·布鲁内索和奥尔本·高斯，三人于 2011 年在巴黎大皇宫书籍展览厅合影

• **1603** 日本江户时代（1603—1868 年），茶室模型，可折叠的模型，又称“折叠的画”

• **1728** R. P. 埃马纽埃尔·德·维维耶，嘉布遣会教父，图卢兹，《数年朔望月万年历》

• **1250** 马修·帕里斯（1200—1259 年），英国本笃会修道士，《大编年史》，第一部著名的复刻轮盘式手稿

1250　1524　1603　1655　1728　1730

• **1524** 彼得鲁斯·阿皮安努斯（1495—1552 年），德国天文学家和数学家，《宇宙解放者》，1540 年著有《恺撒天文》，配有移动纸盘（即复刻轮盘）

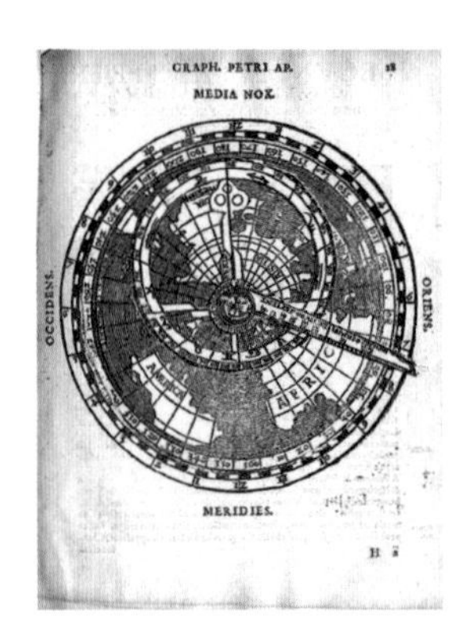

• **1655** 勒特布沃神父，《被剪下的忏悔词》，第一本被剪成条状的书，“混搭书”的鼻祖

• **1730** 马丁·恩格布莱希特（1684—1756 年），德国奥格斯堡的印刷工和雕刻师，堪称纸艺剧场的先锋，作品《儿童剧场》

第一章

技术

先锋

出色的创作者都凭借自己精湛的技艺，在立体书史上留下了印记，他们的设计直到今天仍有后人使用。在这些创作先锋中，我挑选了几位最为突出的向大家介绍：洛萨·梅根多夫、欧内斯特·尼斯特（Ernest Nister）、朱利安·维尔和沃伊捷赫·库巴什塔。

洛萨·梅根多夫

立体书之父

洛萨·梅根多夫（1847—1925 年）是一位才华横溢的德国插画师，他从 19 世纪 80 年代末开始从事立体书创作，作品很有个性。他的第一部作品是为儿子创作的。随后，他开始和爱丝铃歌出版社合作。在工作中，他要求严苛，紧跟制作的每一个环节，人们常常能看到制作图纸上有他手写的安装说明。

相较于同时代的其他创作者，洛萨·梅根多夫展现出他惊人的创造力，他不满足于单一的制作方式。其作品中经常会设计五到七个支点，支点由小铆钉、铜线和圆环构成，可以让不同的部件同时运转。读者只需一个拉杆，就可以控制多个零件在不同方向上的运转，这个巧妙的设计直到今天仍在被人们使用。

洛萨的作品被译为多种语言出版，每一部作品的问世都堪称出版界的大事件。他的作品在全世界的总出版量接近百万本。

洛萨曾是一位言辞辛辣的记者，热爱音乐和动物，但对人却略显刻薄。这位个性鲜明的人称自己的作品为“诺亚方舟”，因为所有的动物——鹦鹉、猴子、狗、鸡等——在作品里都紧紧相依。他很多作品中都会出现关着动物的房子，其中蕴含了一定的讽刺意味。

洛萨·梅根多夫和欧内斯特·尼斯特被誉为立体书的奠基人。

①

②

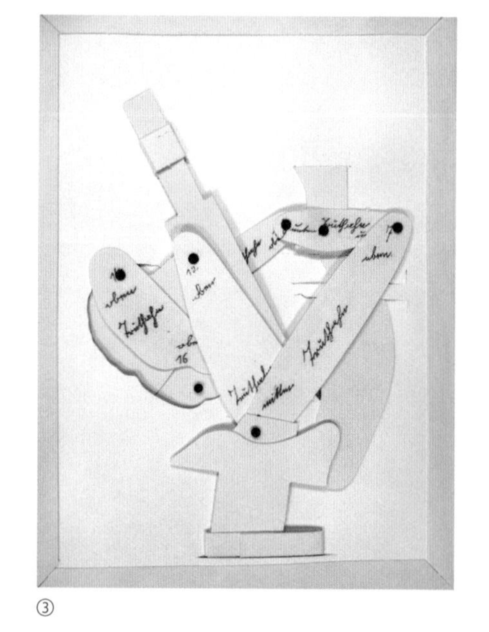

③

①②《总是快乐！一本可动的玩具书》，洛萨·梅根多夫，伦敦，1891 年，特里克藏品

③《致敬立体书》，立体书协会，2004 年。图为一页原作的影印版，从背面展示了铆钉的位置，还有梅根多夫创作时手写的说明，可以帮助读者探索立体书的内在机制。乔治·蓬皮杜图书馆馆藏

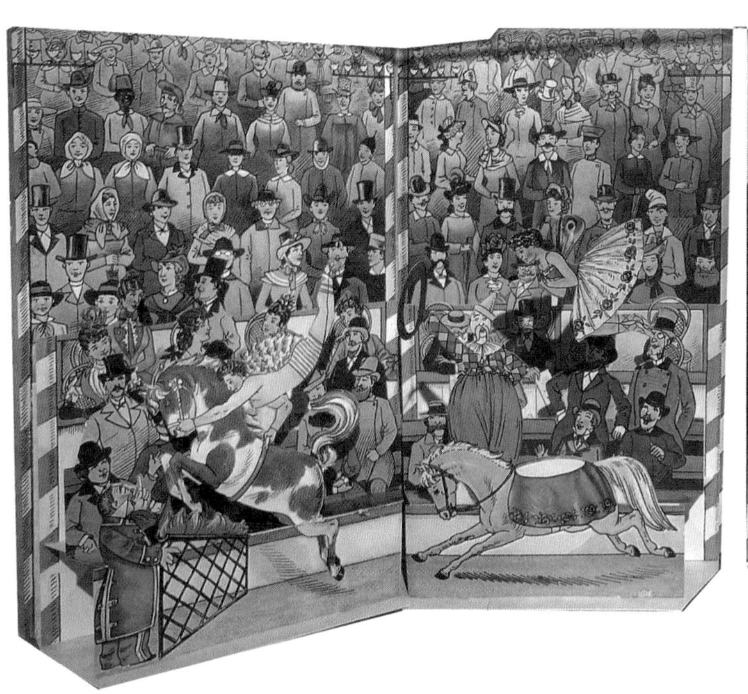

④

The Lion.

The Lion's glance is proud and fierce,
His eyes the land do seem to pierce.
And yet he will not seek your life,
Or tear you in a bloody strife.

The danger rather is that you
(As little children often do)
May tear the Lion in your play,
By being rough to him one day.

⑤

The Lion.

The Lion's glance is proud and fierce,
His eyes the land do seem to pierce.
And yet he will not seek your life,
Or tear you in a bloody strife.

The danger rather is that you
(As little children often do)
May tear the Lion in your play,
By being rough to him one day.

⑥

④⑤《国际大马戏团》，洛萨·梅根多夫，雅克·德斯藏品

⑥《总是快乐！狮子》，洛萨·梅根多夫，H.Grevel & Co 公司出版，伦敦，1890年，特里克藏品

La ronde des images
ROUGE ET OR

①

Toby a mal aux dents; vient le voir un ami.
Bob joue à colin-maillard; son bandeau a-t-il été bien mis?

②

Toby a mal aux dents; vient le vo
Bob joue à colin-maillard; son bandeau a-t-il
bien mis?

③

④

欧内斯特·尼斯特和他创作的动图

“变化的图画”“消融的图画”，这些概念和欧内斯特的名字紧密联系在一起。

欧内斯特（1842—1909 年）生于德国奥贝克林根，1877 年在纽伦堡创办了自己的公司。纽伦堡这座城市从 1890 年开始成为重要的玩具制作中心。欧内斯特的书辨识度很高，尤其是齿轮设计。这种设计和相机的虹膜构造原理相近：两个齿轮重叠放置，齿轮转动时会相互遮挡住一部分图画。欧内斯特的作品像一个理想世界的快照，照片上，衣着整洁的孩子在英国乡村鲜花盛开的草坪上嬉闹。

和同时代其他设计师一样，欧内斯特在书中也加入了一些教育性质的游戏、拼图、日程表和招贴画。这些作品的问世标志着彩色石印术的成功。

欧内斯特的作品还有一大特征，就是使用粉彩。这些作品在今天仍不断再版，但印刷的颜色相比起以前，偏冷了一些。在随后的几个世纪里，他的粉彩画作将一直见证着这位杰出设计者充满诗意和幻想的世界。

——摘自彼得·弗朗西的《打开书》

⑤

⑥

⑦

①②③《圆形图片》，欧内斯特·尼斯特，巴黎红与金出版社 1879 年出版，互视国际公司制作；1892 年再版，名为《旋转的图片》

④《小宝贝们的全景图》，欧内斯特·尼斯特，伦敦，1890 年，丹尼·特里克藏品

⑤⑥⑦《各种大小的鸡带来的惊喜》，欧内斯特·尼斯特，彩色石印，尼斯特创作的卷帘式设计，1893 年

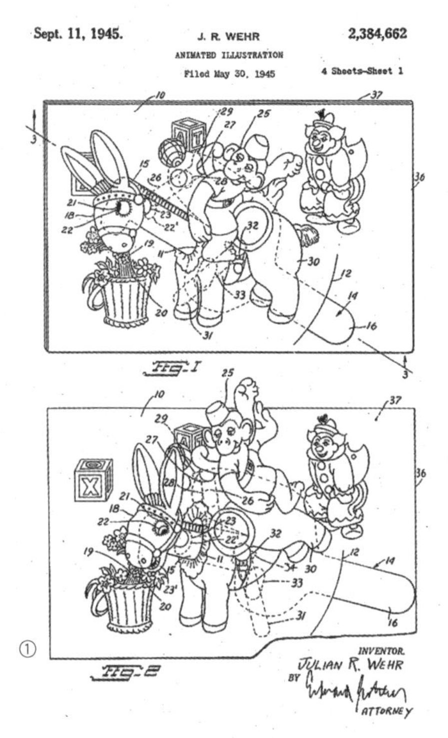

①

朱利安·维尔精巧的作品

朱利安·维尔（1898—1970 年），这位心灵手巧的纸雕设计师出生于一个德国家庭，后移民到美洲，热爱艺术和雕刻。他很有幽默感，称自己的作品为“猴子书”。

他的二维动画书构思精巧。他在书中安插了纸质零件，使图画不仅可以绕轴旋转，还可以朝不同方向移动。

朱利安很可能从小就看过洛萨的书。但他和洛萨不同：洛萨作品中的零件运行得稳定精准，而他设计的零件运行得灵活流畅。朱利安在 1937 年申请了第一个立体书专利。他一共创作了 40 余部作品。

③

如今，他的儿子保尔·维尔再版了他的作品。“我妻子和我从大学退休后，开始重新推介这些书，在网上销售电子版权，从中获得了很多乐趣。我们希望通过立体书让读者感受纸张的无限可能，了解设计者和书籍艺术家的才华。为了能让更多读者接触到父亲的书，我们提供了法语、意大利语、德语以及汉语译本，其他语言版本正在翻译中。接下来，我们可能会尝试制作配有可触摸动画的电子书。”

① 朱利安·维尔为《动画插图》申请的专利，1945 年。后该书经其子保尔·维尔的允许得以再版

②《大力水手和海盗》，萨根多夫绘图，朱利安·维尔设计，纽约，1945 年

③ 朱利安·维尔正为自己的孙女克莉丝汀作画，1969 年

②

沃伊捷赫·库巴什塔的趣味世界

沃伊捷赫·库巴什塔（1914—1992 年）出生于维也纳，这位插画师和纸艺设计师几乎一生都待在布拉格。他缔造了无数部立体书代表作，无论从主题层面还是从技术层面来看，都堪称一流。

在《沃伊捷赫·库巴什塔的生活和艺术》中，埃伦·G. K. 鲁宾，这位库巴什塔的仰慕者及作品收藏者写道：“库巴什塔，捷克童书插画家、纸艺设计师和作家，是 20 世纪最具想象力的杰出艺术家之一。他将捷克民间艺术和雕刻艺术结合在一起，营造出有趣而美妙的神奇世界，让孩子和大人都为之着迷。”

④《Tip、Top 和飞机》，布拉格阿蒂亚出版社，1963 年，丹尼·特里克藏品

20 世纪 50 年代，捷克动画电影导演吉力·唐卡和几个朋友一起创立了自己的插图动画流派，他先后做过画家、戏剧布景师和童书插画师。1956 年，布拉格著名的阿蒂亚出版社出版了库巴什塔的第一本立体书《小红帽》，立刻取得了成功。后续多部作品的问世让他一跃成为人们口中的艺术家。另外，阿蒂亚出版社还出版了其他优秀插画师和纸艺设计师的作品，如鲁道夫·卢克斯（Rudolph Lukes）。鲁道夫的作品主要是借助简单的折叠技巧来制作立体造型。

库巴什塔创作了百余部立体书，形式多样，运用了各种制作技巧。其中最精妙的是运用二维折纸工艺营造出三维视觉效果。

他设计的立体书虽然成本低，却呈现了完美的纵深效果。得益于自身建筑师的经历，库巴什塔能够轻松理解三维概念。

库巴什塔的图画和色彩风格在“Tip 和 Top”系列中表现得尤其明显，这部作品描述了两位在世界各地探险的小男孩。他创作了一些全景式大开本作品，其中最有名的一部是《哥伦布是怎么发现美洲的》。库巴什塔的才华在生前并未得到认可。但现在，他有300余部作品在世界各地发行，被译成37种语言，销量超过1000万册。

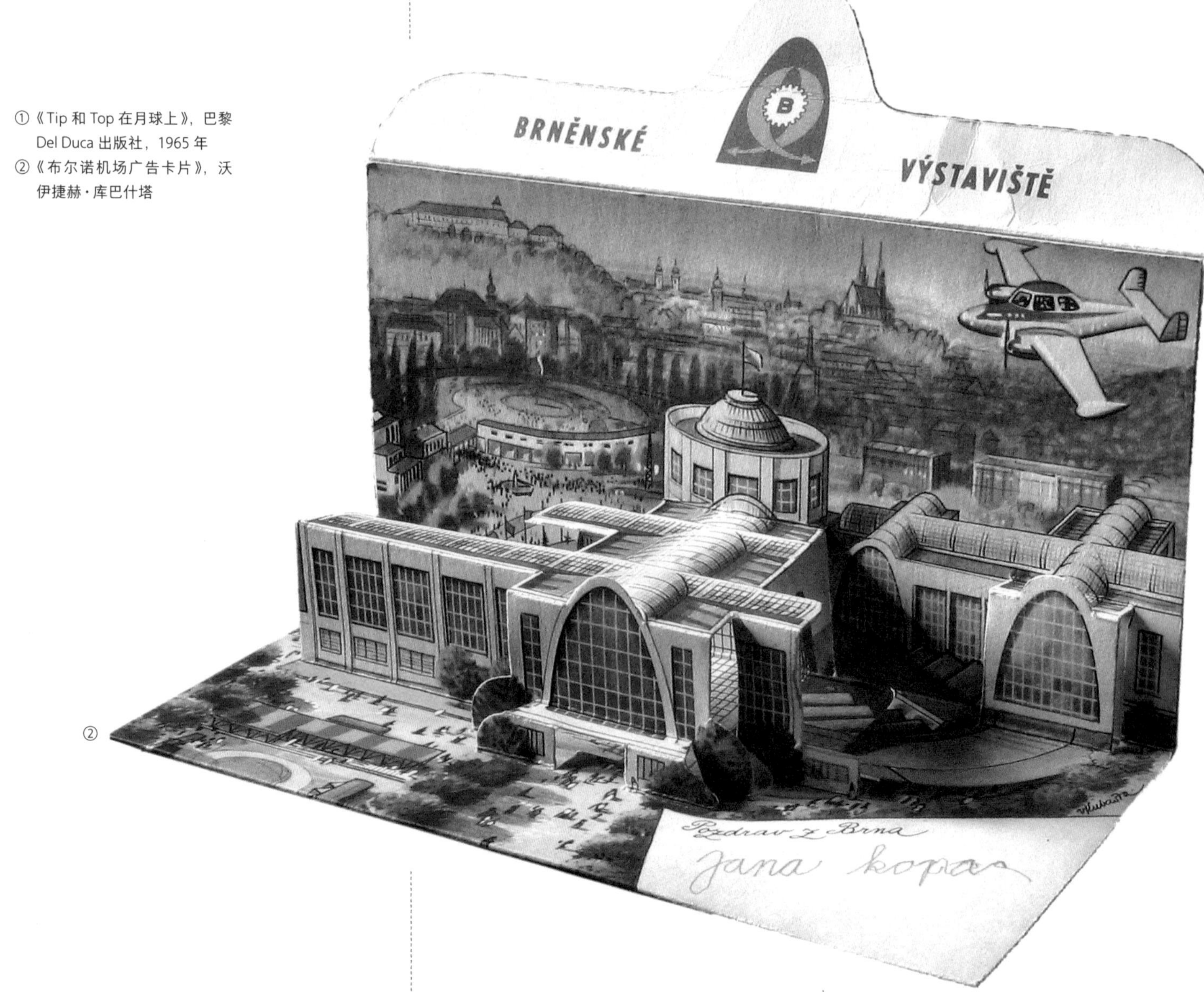

①《Tip 和 Top 在月球上》，巴黎 Del Duca 出版社，1965 年

②《布尔诺机场广告卡片》，沃伊捷赫·库巴什塔

③

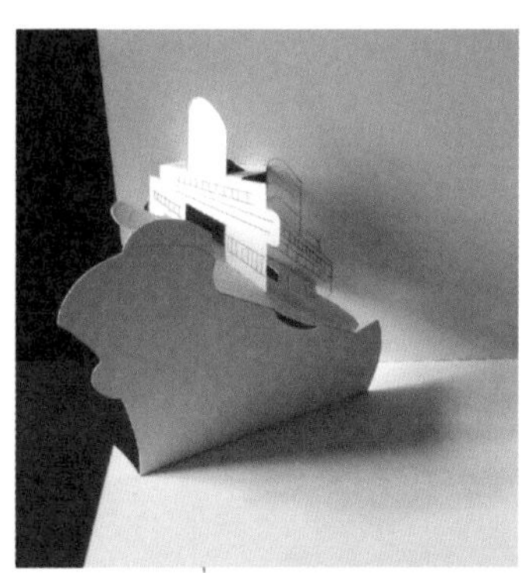

④

③《Tip 和 Top 在月球上》，巴黎 Del Duca 出版社，1965 年，雅克·德斯藏品

④ 白色的模型展示了沃伊捷赫·库巴什塔创作立体书的过程，这是 2011 年毛里齐奥·洛伊为“库巴什塔，布拉格艺术家的纸上魔术”展览制作的。折叠的“V”字形构成了船的形状，精巧的不对称折叠方式和绘图加强了作品的纵深效果

①

②

③

①《有趣的变化》，法国蒲兰牌巧克力广告册，巴黎

②《趣味丛林》，美国知名谷物品牌家乐氏的宣传册，1932 年，丹尼·特里克藏品

③《惹人发笑的乔装打扮》，1994 年，丹尼·特里克藏品

混搭书

雅克·德斯

设计师将书沿着水平方向剪开，一般会剪成三部分，每一部分都可以与前后页的其他部分自由组合，随机搭配。这种立体书在英语中被称为“mix and match”——“混搭书”。

从洛萨·梅根多夫的《叔叔》到雷蒙·格诺 1961 年出版的《百万亿首诗》，这种形式的立体书一直都很受市场欢迎。

一本 16 页的书横向剪成三部分，便可得到 1536 个不同的组合图画。这种设计最初以引人发笑为目的，但随着对这种组合形式的探索，艺术家们发现这种书的魅力所在 —— 可以组成很多超现实主义的画面。

混搭书的历史悠久，至少可以追溯到 17 世纪，一般认为《被剪下的忏悔词》是最早的样本之一。很多 19 世纪的设计师们都运用过这种形式，比如洛萨·梅根多夫于 1898 年创作的变脸书《1536 个鬼脸》，以及好几本出色的拉杆绘本。

罗伯特·萨耶在 1765 年设计了一本立体书，他将书的每一页都剪成四部分，每部分又一分为二，读者可以从中看到好几个场景。

——摘自雅克·德斯的访谈录

④《333 个搞笑的问题，1001 个搞笑的回答》，肯特·索尔兹伯里，两只金鸡出版社，1973 年，让-夏尔·特雷比藏品

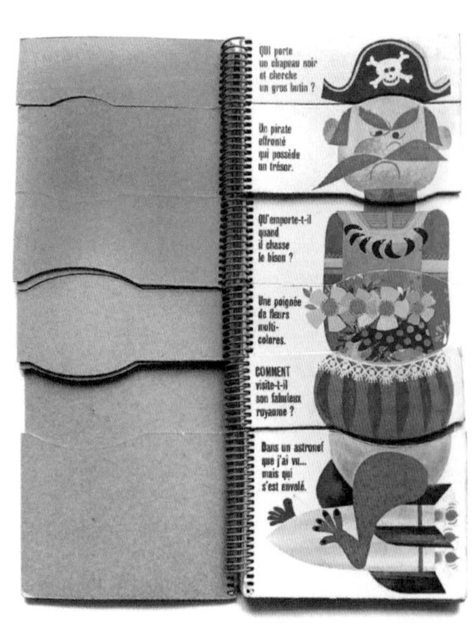

④

⑤

⑥

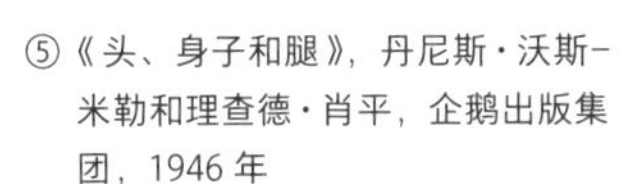

⑤《头、身子和腿》，丹尼斯·沃斯-米勒和理查德·肖平，企鹅出版集团，1946 年

⑥《动物园新奇事 2》，基斯·莫尔贝克，兰登书屋，1993 年

迈克和特雷莎·西姆金
（Mike & Theresa Simkin）

我们一直很喜欢这些结构简单、故事有创意、被剪成好几部分的绘本。

读者随便翻开其中一部分就会得到新的形象或场景。

这种书有很多不同的名字，比如“混搭书”“七拼八凑书”“组合书”，或是用一些超现实主义的游戏来命名。

它延续了 18 世纪滑稽剧和惊喜书的传统——只需折叠或翻页，书中的单词和图画就能重组起来，讲述一个小故事。有的设计还加入了万景图、变形游戏、拼图等元素。

无论是烹饪、园艺，还是占星类的书籍，很多都用到了这种组合样式，它也被延伸应用在游戏、玩具、广告、出版等领域。19 世纪末的一些现代艺术家和设计师在创作中也用过这种形式。

混搭书种类繁多，趣味十足，读者可以充分发挥创意，亲手实践。

——摘自 2011 年 9 月迈克和特雷莎·西姆金的访谈录

手风琴书

作为立体书的主要种类之一，手风琴书被广泛应用。它又被称为“莱波雷洛”，这个名称来自莫扎特的歌剧《唐·乔万尼》：仆人莱波雷洛有一个习惯——记录主人参与过的战役名字，他从楼梯台阶得到灵感，将纸折叠后再将字写在上面，他发现这种方式会产生多种形状和动画效果。

手风琴书不用装订，而是通过简单的折叠组合而成。人们可以一页页阅读，也可以全部展开阅读。

日本艺术家驹形克己的作品就用了这种形式——书像手风琴一样打开，每个折页处展示一部分图像，从不同角度看上去时会有不同的景象。

手风琴书衍生出了“蝴蝶书”和“花瓣书”，它们是按对角线折叠的手风琴书，遵循基本的折纸变形原理。爱德华·哈钦斯（Edward Hutchins）开创了很多花瓣书样式，有单张纸折叠的，有组合折叠的，比如他的作品《神秘盒子》。

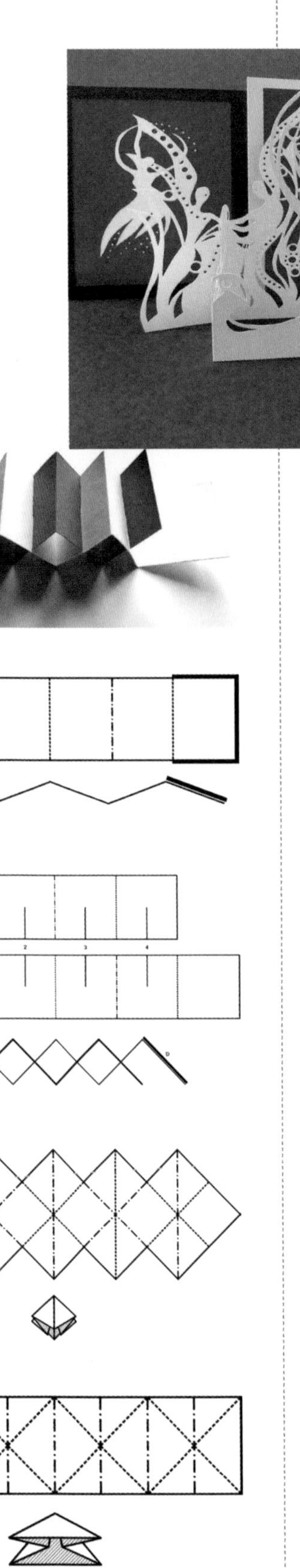

① 手风琴书

1. 传统手风琴书：将一张长条纸折成风琴形状

2. 双层手风琴书：将两张手风琴形状的纸上下剪开几个小口，相互嵌入，形成“栅栏”的形状

3. 方形折纸底座：《折纸国际公约》指出，这种折叠方式源于日本传统折纸术，底座为正方形

4. 三角折纸底座：底座为三角形的折叠方式，也称“折水雷”，因常用于折叠水雷、纸鸢、青蛙而得名

②

②《天使的舞蹈》，双层彩色剪纸手风琴书，让-夏尔·特雷比，2011 年

奥里卢姆

（Orilum）

法国

从平面设计到立体书创作，我探索了一些新的制作工艺，希望以此制造惊喜效果。我将折叠和裁剪技术相结合，寻找不同的设计结构，探索立体书前辈们的匠心独运。

我的灵感常常源于建筑。另外，我喜欢将“手风琴书”或“隧道书”的设计工艺运用起来。

为了了解其他领域的知识，我经常与不同的艺术家合作。

大型立体书《橙色星球》是由尼科尔·沙尔诺设计的，它是一部为孩子创作的影子戏剧。

旋转木马书

彼得·弗朗西

意大利

这是一种微型立体剧场书，也称“西洋镜”“星星书”或“旋转木马书”。

与朝同一方向展开的隧道书不一样的是，旋转木马书能 360 度打开，围成一周，人们转动书就可以看到一幕幕不同的场景。

旋转木马书完全展开时，首页和末页背靠背相接，页面上的绑带可以用来固定结构。这种书由剪纸、立体图画和硬纸板组成，折叠方式与手风琴书类似，只不过最后会粘贴成四边、五边或六边的星形。

③ 让-夏尔·特雷比在工作，2012 年

③

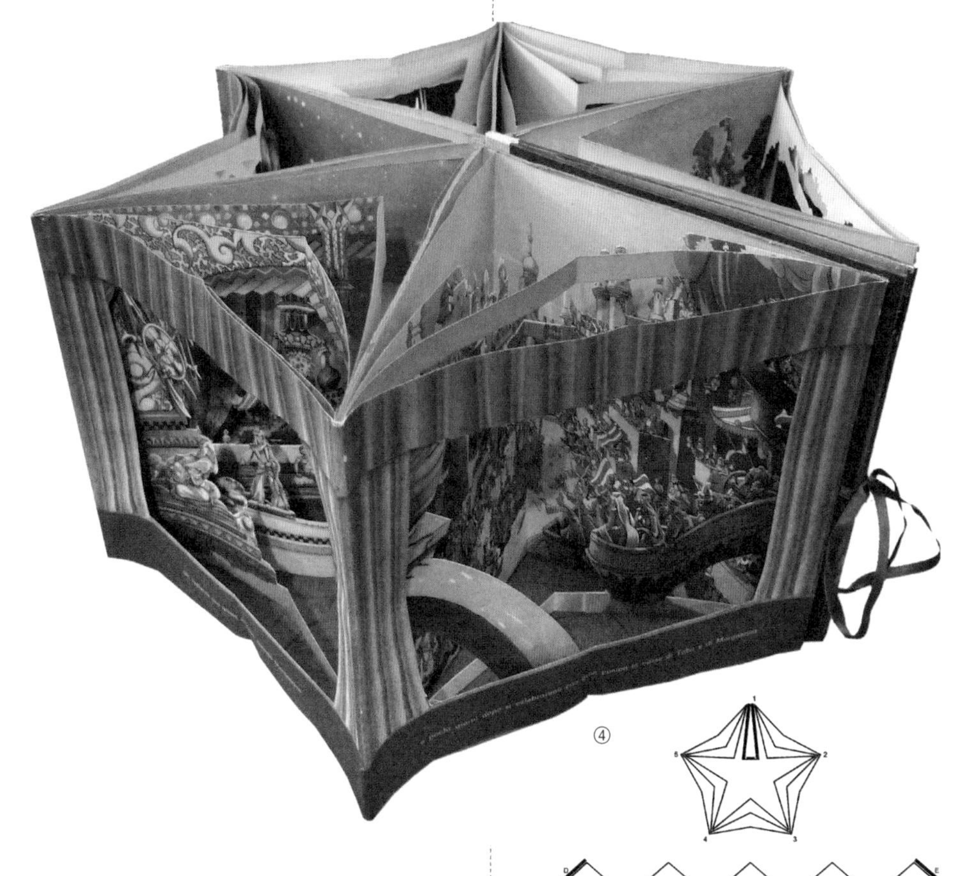

④

立体书设计师卡罗尔·巴顿认为旋转木马书常用来展示玩具屋、城堡或海盗船，它展开后是一个水平的多边形，可以呈现出多层次的立体画面。

——摘自彼得·弗朗西的《打开书》

④《阿里巴巴和四十大盗》，雷蒙多·森图里安绘图，米兰 SAGDOS 图像工作室出版，米兰，1940 年，彼得·弗朗西藏品。尺寸为 26 厘米 × 23 厘米，书本打开直径约为 50 厘米。

这是一本全景立体书，运用戏剧效果展示了一个传奇故事。封面和封底相互连接起来时，书就完全打开了，有一根细绳固定。

俯瞰时，作品由六个三角形组成，分别展现了六幕不同的场景，每个场景由四部分构成，每本书配有一本介绍故事情节的小册子。

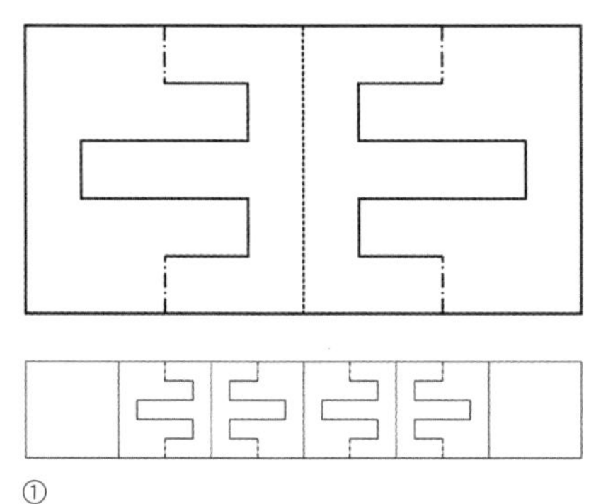

①

① 一种新式的旗子书模型，仅由一张纸制成，无须粘贴，让-夏尔·特雷比，2011 年

旗子书

20 世纪 70 年代由美国费城艺术家海蒂·凯尔首创。旗子书属于手风琴书的变种：先在纸上画好切割线，再用刀将这些线划开，然后折叠，几个水平方向的长方形小纸块就会随之竖起来。

艺术家们设计出了多种图形排布的方式，以产生不同的视觉效果，比如交错、叠放等。他们还发散想象，将长方形的小纸块设计成蜡烛、杯子或者手的形状……

读者可以一页一页依次翻看，也可以将书 360 度完全展开后再阅读。

②

③

② 玛丽娜·布奇依的艺术作品，2011 年
③《海天之际》，旗子书，加埃尔·佩拉绍，拉斐尔·安德烈亚出版社，2008 年
④ 玛丽娜·布奇依的艺术作品，2011 年

玛丽娜·布奇依

比利时

玛丽娜·布奇依参加了很多有关玛丽蒙特作品的工作坊培训。

她围绕装订方式和制作材料写了一些书。

她设计的旗子书充分体现了精细考究的创作手法。

④

⑤ 帕特里夏·卡弗鲁瓦作品，2011 年为生日制作的旗子书，书一打开，蜡烛图案就会全部弹出

⑤

隧道书

“隧道书”还被称为“透视画”“画盒”“西洋镜”。雅克·德斯曾说，“隧道书”这个名字来源于一种光学玩具，风行于18世纪和19世纪。隧道书是一连串的镂空雕饰画，读者透过特定的盒子看这些画会感受到强烈的纵深效果。

这类书的代表作家有德国奥格斯堡的马丁·恩格布莱希特，他在1740年至1770年间创作了67部作品。书中的一幕幕场景是由多层折叠物连接起来的，读者可以通过一侧的观测孔来欣赏。

18世纪时，舞台人物画开始作为玩具向成人和孩子出售。画家用搅拌好的面粉和水，或者用鱼胶，把画粘贴在纸板上，然后将它们按照透视原理摆放在布景内，这样一来，画就显得更立体了。

1820年前后，第一批纸玩具在英国、法国和德国诞生了。这些玩具除了有文字，还有舞台布景和人物模型。人物模型被粘在小纸杆的末端，可以供读者自由摆放。因此，人们当时能用隧道书重现一些流行剧目。

隧道书和18世纪、19世纪的“盒子戏”“透视画”相似，都是将纸质的人物模型和风景画按照透视原理摆放，突出立体效果。这种设计越来越接近后来的三维立体模型，手工剪裁的零部件可供人们按照说明进行粘贴、组合。

——摘自保罗·格伦戴克的《裁剪的建筑》

①

②

①《莱茵河谷，从宾根到罗蕾莱》，1930年，克里斯汀·苏尔藏品

②《墙》，玛丽娜·布奇依创作，2011年

③

隧道书的制作工艺

隧道书的制作工艺主要有两种：传统和现代。

传统隧道书由多个像手风琴一样的连续页面构成。这种书为长方形，窥视孔的形状和页面的数量不固定。

这种书的制作难点是切分纸张，设计师可以采用粘贴、合成摄影、丝印或镂空雕刻等方法。

隧道书的亮点在于它的戏剧呈现效果以及可折叠、便于收纳的特性。

我们要感谢卡罗尔·巴顿（Carol Barton），身为艺术家和教师，他大大推动了隧道书工艺的发展。

现代隧道书制作工艺追求的是简洁的剪裁、多样的组合方式和纸张规格的最优化。

很多艺术家提议制作隧道书只在一张纸上进行裁剪、折叠和粘贴。爱德华·哈钦斯的作品就是如此。

本书最后附有他创作的一个样板模型。

③《奶奶的壁橱》，爱德华·哈钦斯，1991年。一本可以在锁眼中窥见珍宝的隧道书

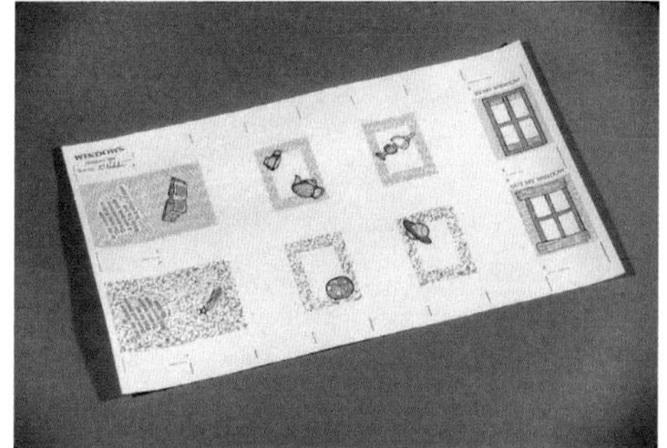

④

④《窗户》，爱德华·哈钦斯，1994年。由两本隧道书组合而成，每本书仅用一张纸剪裁

爱德华·哈钦斯

美国

像观察仪一样的隧道书几个世纪以来一直吸引着大小读者。

这类书由一连串平行切割的剪纸页面构成。通常，书的首页有个小开口，读者只有把书整个展开，才能透过这个开口看到书中的全部信息。

精心设计的隧道书会用到三种厚度不一的纸：封面纸厚而牢固，起到保护书的作用；内页纸相对柔韧，利于折叠、合拢；立体插件的用纸会比内页用纸稍硬一些。

隧道书如此吸引人的原因有很多：

1. 它将文本、纸张、装帧方式这些传统书籍的要素重新组合成新的样式；

2. 书的结构有利于突出三维透视效果；

3. 书展开时，会突然出现一个意料之外的玩意儿；

4. 重视读者的参与性，将互动性放在非常重要的位置上。

隧道书给创作者带来挑战的同时，也提供给他们一个讲述故事、分享信息的契机，将读者带入另一种现实。

——摘自2011年8月爱德华·哈钦斯的《艺术家绘本》

①《手拿黑绳的红衣女人》，安德里亚·迪兹，2008 年，雪纺纸隧道书，配有丙烯画

①

安德里亚·迪兹

（Andrea Dezsö）

美国

我的工作就是创作一些神奇的故事，比如那些我们儿时经历的，但长大后淡忘了的故事。隧道书工艺完美契合了我的理想世界。我喜欢设计一些小的隧道书，开合严密，易于操作。我也能够创作一些大开本的隧道书。无论作品规格大小，我期待它能留给读者更多期待和想象的空间。

——摘自安德里亚·迪兹 2011 年 9 月的访谈录

②

③

④

②《在心中》，安德里亚·迪兹，2009 年。雪纺纸制的隧道书，艺术家用亚麻线手缝而成，配有丙烯画

③《有时我在梦中飞翔》，安德里亚·迪兹，2010 年。赖斯画廊大型隧道书，得克萨斯州，长 12 米，高 3.65 米，深 7.5 米，手工和激光剪切而成，丙烯画

④《永远改变了我们生活的那一天》，安德里亚·迪兹，2006 年

卡罗尔·巴顿

美国

卡罗尔·巴顿，艺术家绘本[1]的创始人、教师，也是意大利博利亚斯科基金会和巴西萨卡塔尔基金会的驻地艺术家。

她在国内外办过一些展览，比如“科学和艺术家绘本”展，她还给国际艺术中心的成人工作坊提供现场指导。她现任教于费城艺术大学和华盛顿柯克伦艺术与设计学院。

“我使用纸雕技术来制作这些绘本，25 年来，我一直在教各个年龄段的人如何制作这种书。我写过一些有关立体书的著作，如《口袋纸质书工程师》《怎样一步步制作立体书》，它们都是非常实用的工具书。立体书能帮助孩子理解三维空间，让他们学会独立解决问题；同时，鲜活有趣的立体书结构能让成年人更好地理解几何概念。观察学生学习的过程给我的工作带来很多灵感。在课堂上，我教学生创作各式各样的手风琴式书籍，例如‘隧道书’和‘旋转木马书’。我还和设计师们合作，为《国家地理》杂志创作了立体书《邮政编码》，也为国家植物园设计了一些大开本立体书。”

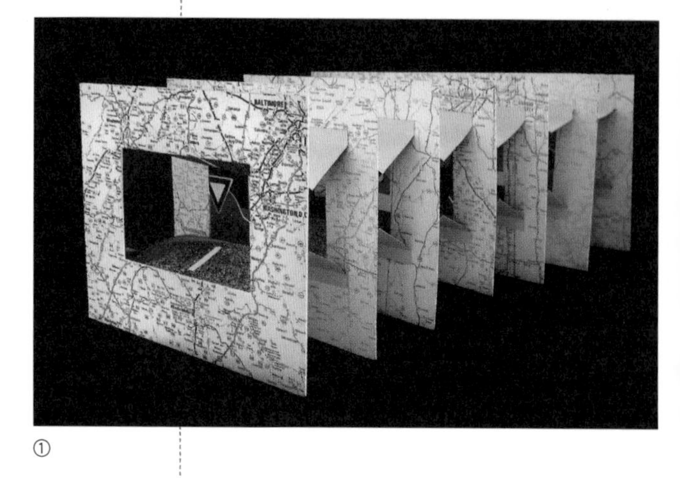

①《每一天的路标》，卡罗尔·巴顿设计，1988 年。这本隧道书中的公路地图采用丝印和胶印两种方式，全长 46 厘米

“这些书将我不同的兴趣爱好，如绘画、雕塑、设计和摄影融合到了一起。我从多种渠道中汲取灵感。我喜欢书籍制作中的实验和探索过程，它们会使我得到一些意外的收获。这类书的挑战在于将分散的元素整合在一起，形成稳定的结构。我每天都在探索达到理想效果的新方法。”

——摘自卡罗尔·巴顿 2011 年 8 月的访谈录

②《梦想的家》，卡罗尔·巴顿设计，梦想的家的样子通过立体书趣味性地呈现

③《五座发光的灯塔》，卡罗尔·巴顿设计，2002 年。一本在黑暗中读的书，采用石板胶印和激光剪裁制作而成。描写灯塔的诗句和发光板上的立体灯塔交替出现，发光板上还绘制了意大利景色

1 19 世纪末出现在法国的概念，这类作品的主要特征是书中的插图都是艺术家们原创的。——译注

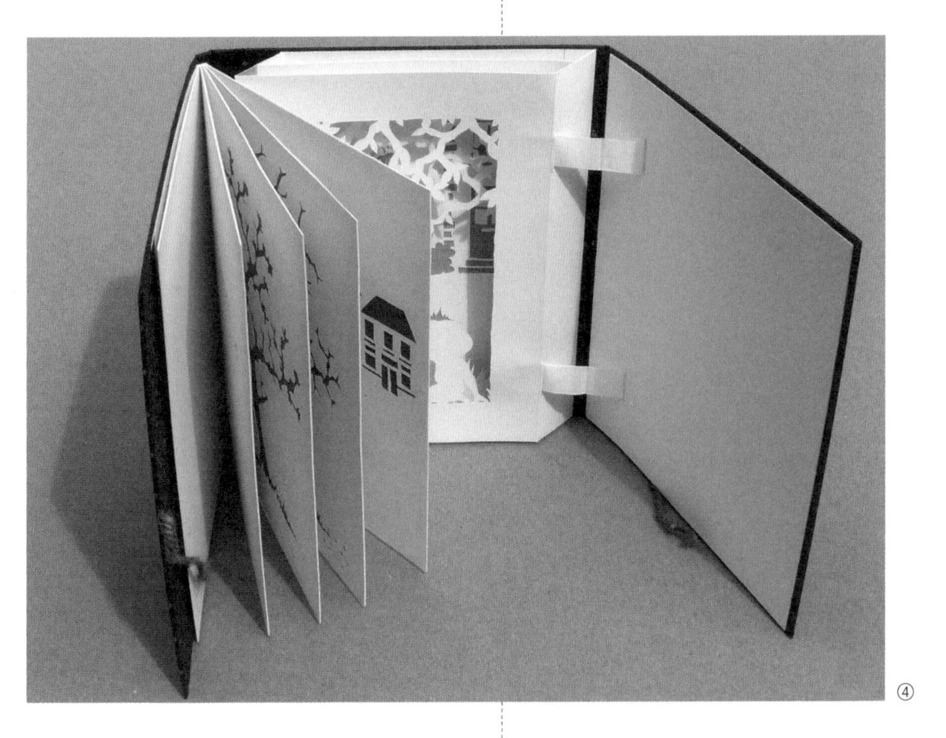

④

克莱尔·阿尼克

法国

《丛林》和《洞穴》这两件作品的灵感都来源于英国的隧道书：透过小窗，读者可以看到手风琴形状的三维景象。作品由多页构成，展现了探险者寻找藏匿怪物的场景。

这种方式可以让光线揭示故事情节，布景及连续画面的设计代表了我在透视画方面取得的成果。

——摘自克莱尔·阿尼克 2011 年 9 月的访谈录

帕特里夏·卡弗鲁瓦

(Patricia Cavrois)

法国

作为纸的狂热爱好者，当我得知图尔奈艺术学院雕刻课的学生要举办玛丽蒙特作品的工作坊培训，我马上报名参加了。之后，我又很有幸地参加了 2009 年和 2011 年的沙特尔展览会。

这些活动促使我创作了《宁静》这本书。书中没有文字，只靠造型和工艺让读者感到平静，将他们带入一个由白纸构成的隧道里。封面选用蓝色是为了遵循沙特尔展览会的主题风格，也为了进一步突出白色这一主色调。

——摘自帕特里夏·卡弗鲁瓦 2011 年 10 月的访谈录

⑤

⑥

⑦

④《树》，帕特里夏·卡弗鲁瓦为庆祝小莱奥出生而创作的作品，由两部分构成

⑤《宁静》，艺术家绘本，帕特里夏·卡弗鲁瓦，2009 年

⑥⑦《丛林》和《洞穴》，艺术家绘本，克莱尔·阿尼克，丝网印刷，阅读时需要依靠光源

动画卡片和动画形象

做动画卡片很容易，但前提是必须得弄懂卡片的运行机制，确定每一个零部件的位置，以免它们互相干扰，影响最后的效果。

动画卡片分为两类：一类是机械式（用拉杆或硬纸板控制运转）的平面动画卡片，一类是立体动画卡片。

①

①《漫画》，受到众多孩子及家长的喜爱。转动圆盘会出现 500 个人物。让-夏尔·特雷比藏品

②

②《瓦尔达药片》，滑稽卡片，一根链条可以让图画变化出不同的形象。巴黎富尔内图书馆藏品

③

③《想结婚却还没找到人，打开百叶窗选一选吧》。圆盘变换式幽默卡片

④《乐蓬马歇百货公司》，一套可以用百叶窗切换插图的卡片。巴黎富尔内图书馆馆藏

④

⑤

⑤《变化的表演者：让人吃惊的画面》，伦敦，1874 年，丹尼·特里克藏品

⑥ 广告书签。正面写着：Régimiel 牌，什么都没有养生面包片美味。反面写着：真正的蜜糖面包。巴黎富尔内图书馆馆藏

⑥

⑦

⑦《罗尼埃酒》，广告书签，巴黎富尔内图书馆馆藏

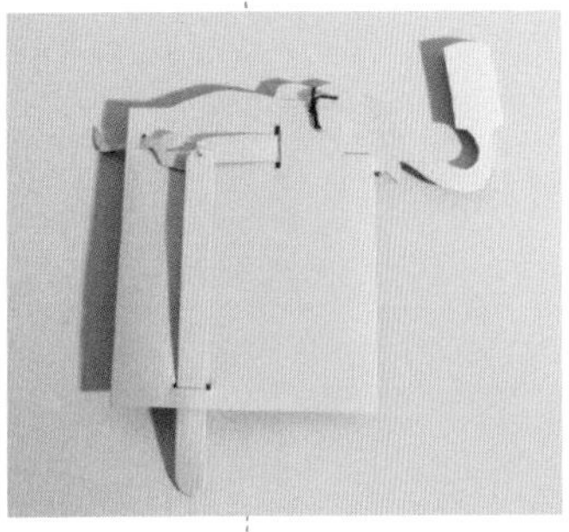

⑧

⑧《大象》，拉杆式剪纸卡片，Phosphatine Falières 出版社，路易·尚布勒根据 Euréka 机构的藏品设计制作

平面动画卡片

按照明信片收藏爱好者的说法，明信片和平面动画卡片不能混为一谈。明信片是展现乡村风景和人物形象的卡片；而平面动画卡片需要充分发挥创造力，用一些小技巧来营造动画效果，比如用硬纸板或金属支轴来控制运转。

明信片研究协会成员安德烈·贡捷指出，明信片最早出现在 1869 年的维也纳，在 1900 年前还没有真正发展起来。但在随后的几年里，明信片涉及的主题几乎没有我们想不到的。1900 年举办的巴黎世博会是法国明信片业发展的一个转折点。编辑们充分发挥各自丰富的想象，运用多种设计手法，制作了不少新颖的作品。这些作品包括：新年卡片、生日卡片、旅游卡片、宗教卡片、广告卡片、幽默卡片……

这些卡片的样式分为以下几类：

1. 单面卡片或有盖卡片

有时称为折叠卡片，卡片里藏着一张折叠成手风琴状的纸，展现旅游风光。

2. 多面卡片或三折画卡片

将卡片从三分之一处折叠起来，能得到不一样的场景。

3. 滑动页卡片

滑动卡片中的某个机关，可以改变或者放大图画。

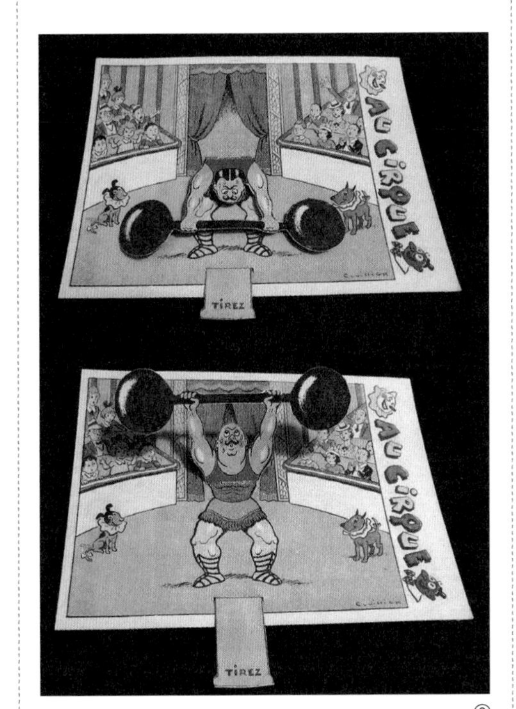

⑨

⑩

⑨《在马戏团》，拉杆卡片，路易·屈维利耶根据 Euréka 机构的藏品设计制作。用线固定不同的零件，让它们运转起来

⑩《我们快点吧，他们肯定都要去老佛爷百货了》，沙普利耶绘图，拉杆卡片，巴黎富尔内图书馆馆藏

4. 拉杆卡片

拉动拉杆，使图层叠加，改变图画。

5. 轮盘式卡片

卡片常配有轮盘和中心支轴。广泛应用于日历或生日贺卡，有时能展现出万花筒的光学效果。

6. 剪纸卡片

裁剪好的图画经粘贴、叠放产生立体效果，一般会做成花朵的图案。

7. 动画广告书签

收藏家勒内·塞尔瓦说：“动画卡片最典型的人物形象起源于20世纪上半叶。人物的眼睛、耳朵、舌头、帽子等都是可以移动的，有些人物还能发出各种奇怪的声音。另外，动画卡片的字体和文本都设计得很生动，有的是产品广告语，有的是设计公司的信息。”

最著名的作品是《巴黎剪影》，由巴黎亨利·布凯印刷厂制作，收藏于巴黎富尔内图书馆。

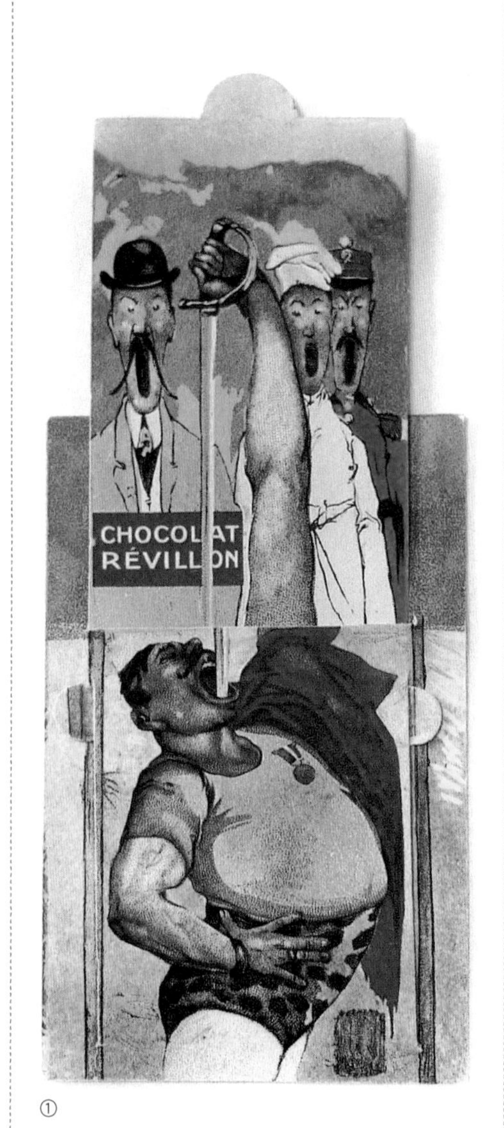

①

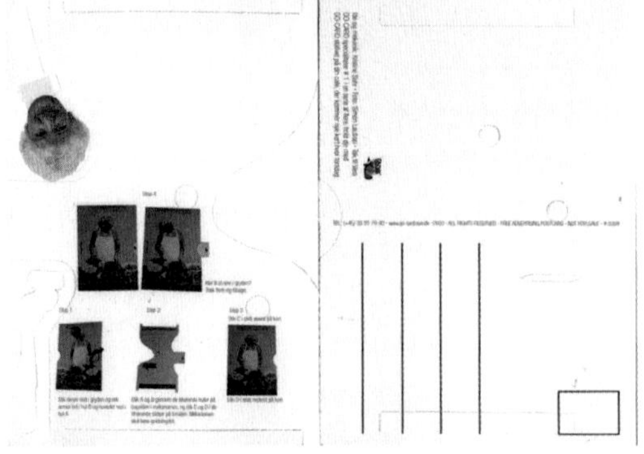

②

①《除夕夜巧克力，表演吞刀的街头艺人》，拉杆式幽默卡片，丹尼·特里克藏品

②《快乐主妇》，克里斯汀·苏尔制作的GO-card。Go-card是丹麦的酒吧或咖啡馆向人们免费分发的明信片，西蒙·洛特奥拍摄

③

④

立体动画卡片

立体动画卡片和立体书遵循的原则相同，图画经折叠、粘贴和巧妙的安排，在读者打开卡片时弹出，呈现立体效果。立体动画卡片按工艺可以分成六类：

1. 受日本传统折纸术的启发，发挥纸张的柔韧性，利用纸折叠后的回弹，制造立体效果；

2. 将纸折成“V”字形，可以打开到 90 度角；

3. OA 卡片，又名“折纸建筑”，由茶谷正洋创立，能打开到 90 度、180 度和 360 度角；

4. 向上弹出式卡片，这种卡片需要借助皮筋来弹出立体结构；

5. 伦敦卢西奥和米拉·桑托罗工作室设计的移动卡片，三角形底座由折叠或嵌套而成，很稳定；

6. 连续折叠式卡片，可以持续变换不同的场景。

⑤

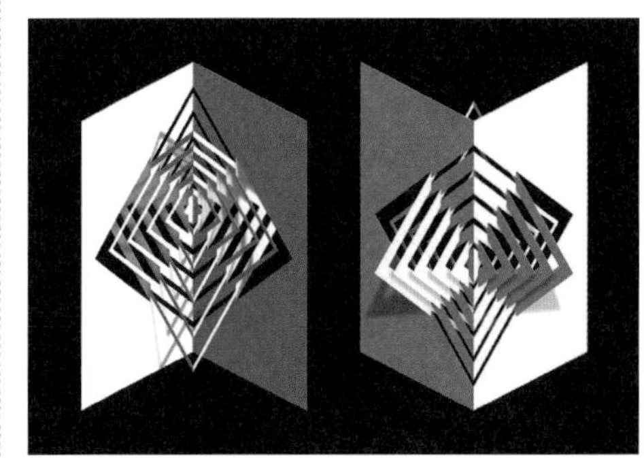

⑥

③ 法国帕莱索雷伊印刷公司制作的广告卡片，扇形“V”字形折叠作品

④《恭喜》，立体彩色剪纸卡片，巴黎富尔内图书馆馆藏

⑤《乐蓬马歇百货公司》，1900 年巴黎世博会展出，立体卡片，巴黎富尔内图书馆馆藏

⑥《游艇》，拉明·拉扎尼

迷你立体书

玛丽亚·维多利亚·加里多

（Maria Victoria Garrido）

西班牙

大约在 12 年前，我发现了茶谷正洋的作品。那时我还不理解艺术家是如何让一张纸呈现出美感的。

应几家出版社之邀，我最开始设计的是常规开本的立体书。有一天，他们让我为展览制作一本迷你书。就是从那时起，我开始设计尺寸小于 9 厘米的立体书。

创作这些书，从设计到生产的每一个环节，我都要层层把关。无论是图画、颜色，还是纸张，我都要反复斟酌。我希望书中每一个元素都能彼此关联，突显出我想传达的信息。

我制作过迷你版的巴黎圣母院和维克教堂，教堂的房间有几十个，每个都小于 2 毫米，必须得借助夹子组装。有时，我也会设计一些常规尺寸的作品，像《高迪》《活生生的建筑》《瑞士》《会动的书》和《欢迎来到凯蒂猫世界》。我还和英格丽特·西利亚库、乔伊斯·艾斯塔共同设计了一本包含 20 种模型的作品《纸艺建筑师》。

设计的开始阶段，我先用铅笔在纸上画草图，我会仔细思考作品的造型、尺寸和主要特点，反复尝试和修改。一旦想法成形，我就用 AutoCAD 程序把设计过程具体化。等打印出画稿、做出第一个实体模型后，我再在上面进行修改，直到达到理想的效果。当合适比例的零件确定之后，我最后把文件发送到 Craft Robe Pro[1] 设备。除了迷你书籍以外，几乎所有作品，都是用这台机器裁切的。

——摘自玛丽亚·维多利亚·加里多 2011 年 7 月的访谈录

1　一款台式切割机，便携、专业的立体书制作机器。——译注

②

③

④

② 《维克大教堂》，玛丽亚·维多利亚·加里多
③ 《四季》，玛丽亚·维多利亚·加里多，获美国肯塔基州 2010 年微型图书展冠军
④ 玛丽亚·维多利亚·加里多和她的几部作品
⑤ 《泽拉传奇》，凯尔·奥尔蒙

① 《2009 年夏天的小幻想》，布里吉特·于松

①

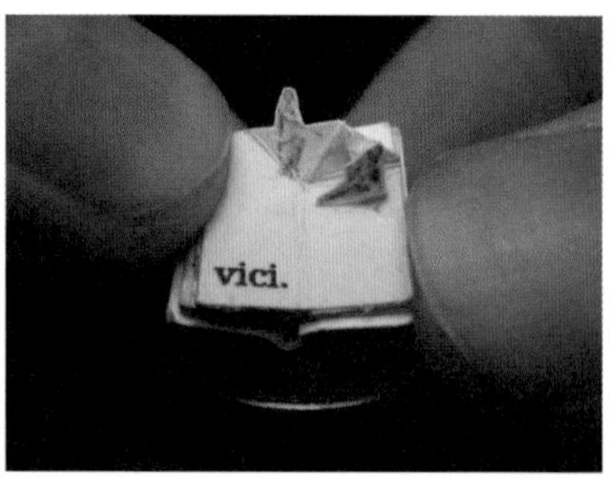

⑤

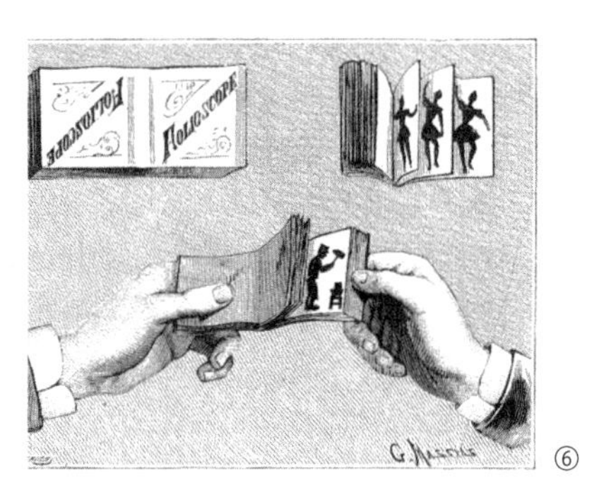

⑥《手翻书，两本册子组成走马盘》，加斯顿·蒂桑迪耶，《自然》杂志，1188 期，1896 年 3 月 7 日出版（注：走马盘——在纸上画一连串连续的形象，是后来影片的雏形）

⑦《笑》，托马斯·爱迪生，20 世纪初出版，帕斯卡尔·富歇藏品

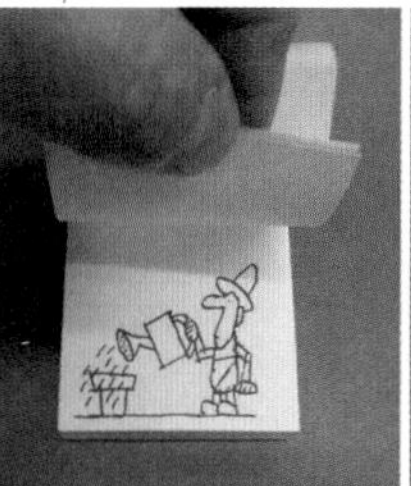

⑧《浇水的人》，伯努瓦·雅克，2001 年，玛格丽特·杜拉斯音像资料中心藏品，巴黎

手翻书

帕斯卡尔·富歇

（Pascal Fouché）

法国

2007 年，雷恩郎德瓦出版社（一家艺术家绘本出版社）举办了一场手翻书藏品展，广告语为：你的拇指可以用来放电影。这是世界上唯一一次完整的手翻书藏品展，囊括了帕斯卡尔·富歇收藏的自 1882 年以来出版的 4000 本手翻书。

手翻书介于书和电影之间，在食指和拇指翻页的过程中，制造出图画运动的幻象。这类书风靡于 19 世纪末 20 世纪初，时至今日还很受人们欢迎。

手翻书从字面意义上理解是“可以用手翻动的书”。它起源于美国，预示了第七艺术——电影的出现，融书籍、动画和照相术为一体。

自 1868 年英国印刷商约翰·巴恩斯以“kineograph”为名申请了手翻书专利以来，越来越多的人开始生产和制作手翻书。有的作为玩具和广告奖品，有的是艺术家绘本。

手翻书手掌般大小，样式五花八门，厚度不一。有的是装订好的本子或剪纸，有的是硬纸板。书中有的用手绘图，有的用黑白或彩色照片，涉及的主题也非常广泛。

——摘自帕斯卡尔·富歇 2011 年 9 月的访谈录

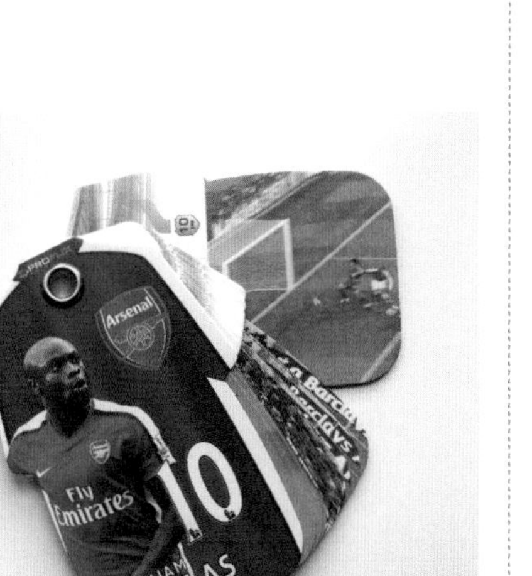

⑨《威廉·加拉斯》，足球动作类手翻书，2010 年世界杯，帕斯卡尔·富歇藏品

光学效果和立体书

立体书使用最多的光学效果有哪些？浮雕图画、电影幻象，还是变化的图片？这些方法都不是最时兴的。1824 年，彼得·马克·罗格（1779—1869 年）在伦敦发表了一些有关光学的重要观点。他的评论首先是基于自己观察世界的视角，比如说透过百叶窗或者旋转的车轮会发现一种光学幻象。在当时，出现了很多关于光学幻象的研究，比如亚历山大·斯皮格尔在 1905 年对动画摄影的研究，还有埃德沃德·迈布里奇在运动摄影方面的研究。

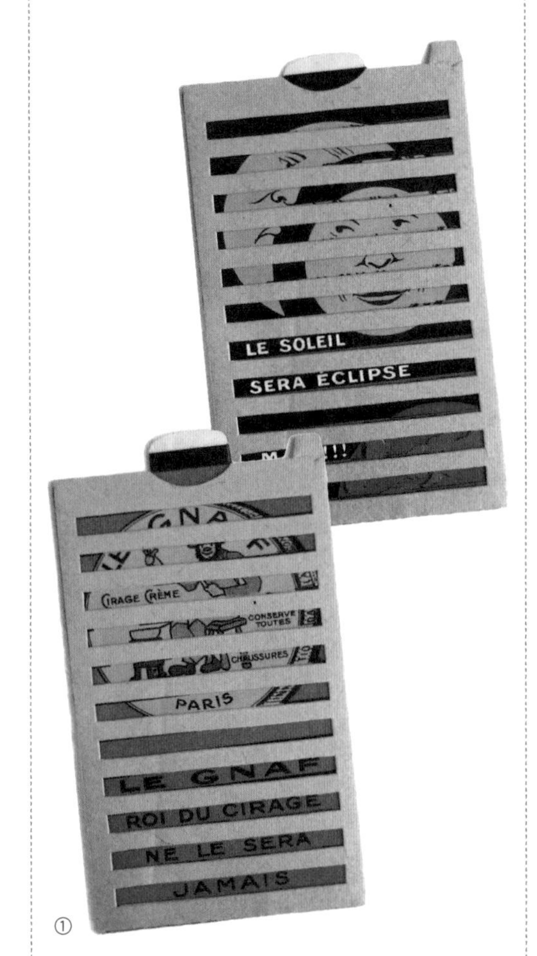

①

运用光学幻象的一些老书

1899 年《动图集》出版。在这本著名的有关光学幻象的书中，设计师探索了彩色波纹现象（当相机上两块网线板叠放不整齐时会出现这种情况）。这件让摄影师头疼的事情被设计师利用了起来，创造出令人吃惊的移动效果。

如果并置两条光束，并用上同心圆，就能制造出“光学车轮”效果。如果叠放上一段螺线或者嵌入一个正方形，呈现的效果则会更惊艳。

20 世纪初，E. 埃斯塔纳夫开始研究创意摄影术和线网工艺。他连续拍摄了一位女性睁开眼和闭上眼的照片，然后将两张照片并置。当他把其中一张照片稍微向前或向后倾斜时，照片上女人的眼睛看上去就像动起来了一样。这个发现堪称“电影影像的雏形”。

还有一些值得我们关注的作品：鲁弗斯·巴特勒·塞德（Rufus Butler Seder）的《奔跑吧！》《摇摆》《蹒跚》；高尾阳吉（Takao Yoguchi）在 2000 年出版的《马戏团》；还有米歇尔·勒布隆（Michaël Leblond）和弗雷德里克·伯特朗（Frédérique Bertrand）创作的《穿着睡衣的纽约人》。这些作品都将光学幻象与书籍相结合，让故事动起来，给人一种不一样的视觉享受。

②

① 动图卡片：《蜡王绝不会是尼亚夫》和《太阳将会消失》

②《会动的图画书》影印版，1898 年，内含 18 张图片和一张醋酸衬格纸，帕特里克·洛科克藏品

③

③ *ABC*，ABC 字母形状的塔，1954 年，从立体眼镜中可以看到神奇的塔楼，丹尼·特里克藏品

④《汤姆和蒂特的 100 次新体验》中的帆布纸，巴黎拉鲁斯出版社，1892 年首次出版，2005 年再版

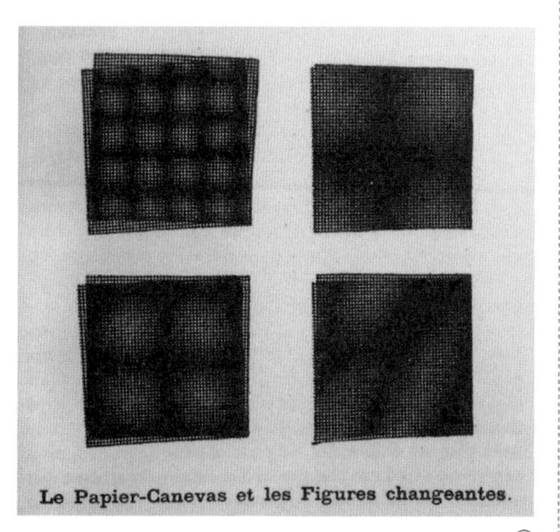

Le Papier-Canevas et les Figures changeantes.

④

⑤

⑥

⑤《魔法眼镜里的动画马戏团》，托罗维克，互视国际公司，1978 年，阿尔巴纳斯藏品

⑥《奔驰！》，安德烈·维利耶文，玛吉配图，加拿大蒙特利尔多样出版社，雅克·德斯藏品。这本运用光学幻象的书有一个移动的圆盘，读者轻轻转动圆盘就能看到运动的图像

米歇尔·勒布隆

弗雷德里克·伯特朗

法国

2007 年，我在一家日本博物馆看到了影子剧场的制作方法。随后我为法国伍尔特博物馆设计了一本导览手册，帮助孩子理解艺术品展览。我在手册里设计了一个互动机关，即一张醋酸纤维塑料制成的网格纸，孩子滑动这张纸可以看到不同的图像。

为孩子创作影子剧场书的想法就这样诞生了。这种书像是由一张张图片构成的动画片。五张连续的图片可以形成一组镜头，让人产生图像在运动的错觉。

影子剧场技术源自双重幻影原理：首先，眼睛和大脑会重组还没有显现的图画；其次，在操作过程中，视网膜会持续产生运动幻觉。影子剧场书是一个可以捧在手里的影院，是孩子们的光学玩具。

——摘自米歇尔·勒布隆 2011 年 11 月的访谈录

①

②

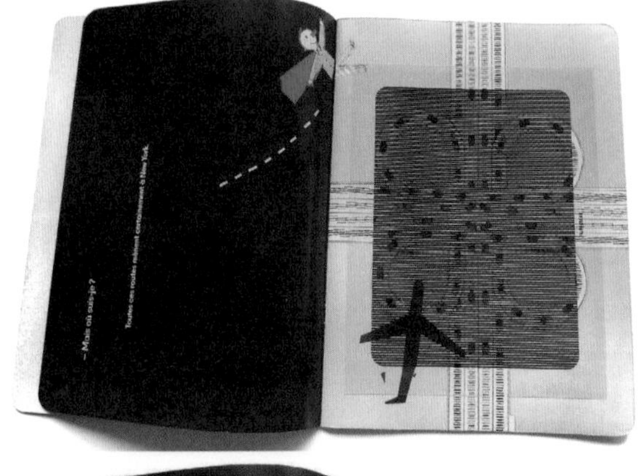

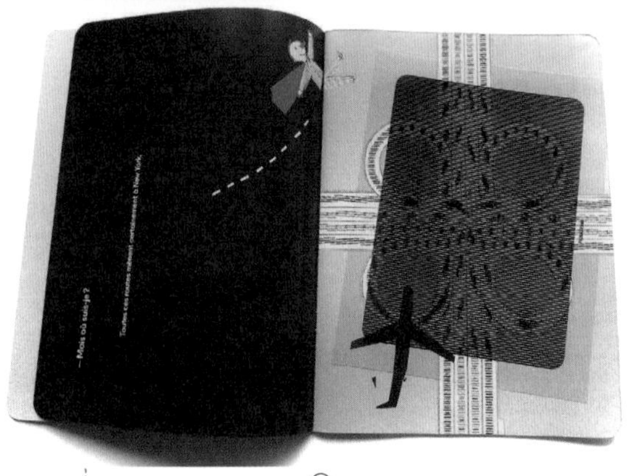
③

①《大屏电视书》，1960 年，阿尔巴纳斯藏品

②《奔跑吧！》，工人出版公司，2007 年

③《穿着睡衣的纽约人》，米歇尔·勒布隆、弗雷德里克·伯特朗，2011 年，鲁尔格出版社

④

④ 根据大卫·布里尔和罗德·赫尔作品《鸟嘴》设计的移动折纸模型

移动折纸

最常见的移动折纸有纸飞机、东南西北折纸和千纸鹤。杰里米·谢弗（Jeremy Shafer）创作了很多移动折纸作品，如《大灰熊》《惊奇信封》，还有他最著名的《闪光的帽子》；藤本修三（Suzo Fujimoto）的人字形折纸法为很多艺术家提供了灵感；琼·迈克尔·帕克（Joan Michael Paqué）的风琴折纸看起来十分精美。著名的折纸艺术家们都尝试过移动折纸工艺：布施知子（Tomoko Fuse）在《移动折纸术》中介绍了很多有趣的移动折纸式样；迪迪尔·波辛（Didier Boursin）对立体折纸很感兴趣，他可以把一个简单的信封折成四面体；川村晟（Kawamura）创作的《蝴蝶球》运用了组合折纸结构，将作品抛到空中时会弹出12个小部件；杰夫·贝农（Jeff Beynon）在《立刻行动》一书中介绍了螺旋式折纸作品；拉明·拉扎尼（Ramin Razani）设计了一款独特的模型，由多个旋转的同心圆构成，名为“风速表”；西原明（Akira Nishihara）在《旋转的立体书》中介绍了一些移动折纸作品。

⑤

⑥

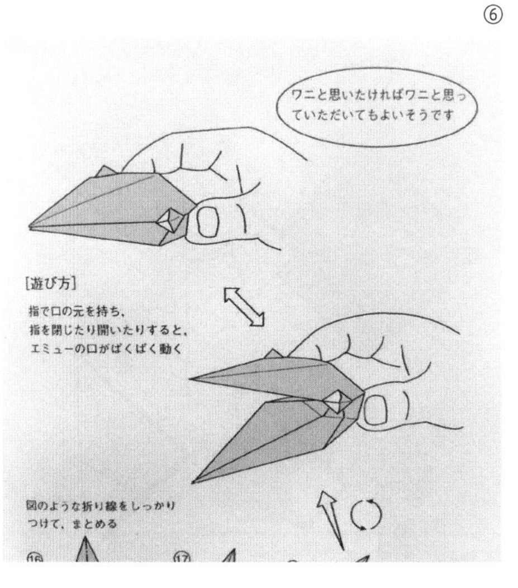

⑤⑥《移动折纸术》，布施知子，日本新光社，2002年

夏尔·多克·桑蒂（Charles Doc Santee）的作品很符合折叠立体书的要领，书中没有任何需要裁剪或粘贴的部分。

维克·杜帕-怀特（Vic Duppa-Whyte）在1970年设计了一些移动折纸作品，也称作“按压玩具”或“挤压玩具”。他在《难以置信的纸质机器》一书中介绍了其中的几个作品。挤压式或弹起式设计基于“V”字形折叠原则，制作简单，但在立体书领域，之前很少有人探索过，这是一个充满无限可能、等待着人们去发掘的领域。当然，移动折纸工艺对折叠技术的要求很高，很多难以实施，需要多加尝试和反复试验。

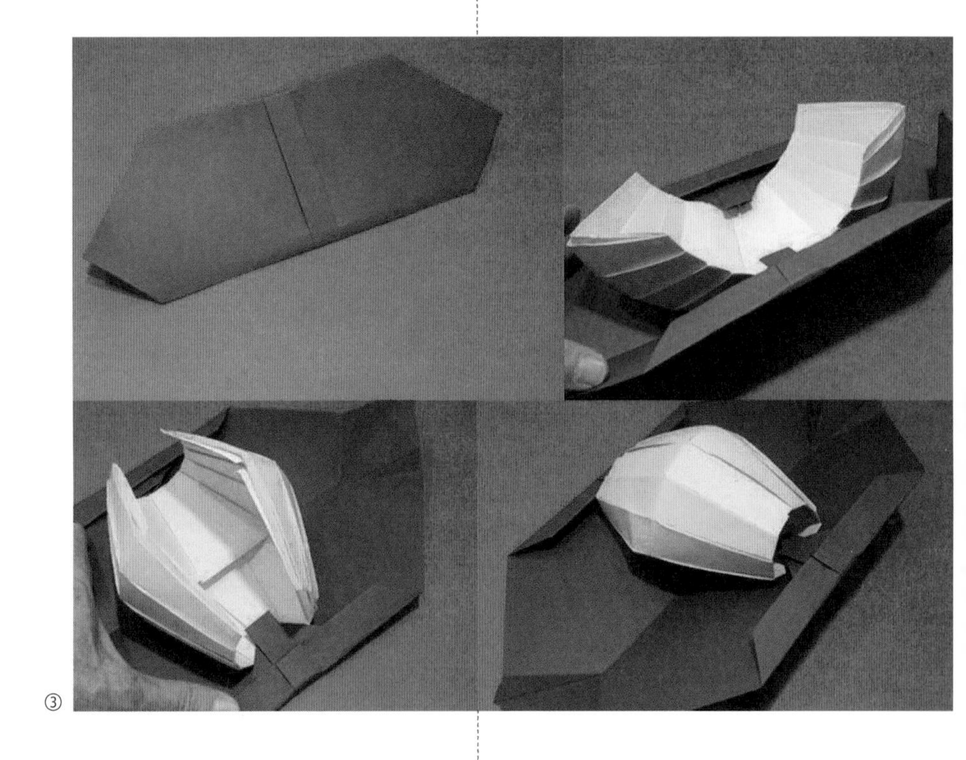

③

②

夏尔·多克·桑蒂

美国

人们一般认为立体书的封面是二维的，内部是三维的，但事实上并非如此。我设计过一款动画卡片，内外都是三维效果。在设计完模型后，我会花几十个小时来折纸，一般我会用彩色纸。三维作品经常需要叠放很多层纸，层数少了会影响效果。

——摘自夏尔·多克·桑蒂2011年的文章《AKA首次折叠》

①

①《海盗的秘密》寻宝图纸，帕特·克罗斯设计，迈克尔·威尔奇配图，两只金鸡出版社，2007年

②③ 夏尔·多克·桑蒂的两个作品：《卷起来的立体书》和《盒子里的虫子》

④

琼·迈克尔·帕克

美国

我的移动纸雕作品基于很多研究和试验，比如对多层折叠和镶嵌技术的研究。

我向日本数学家藤本修三老师深表谢意，他慷慨地赠予了我三本有关折纸的书。里面的作品是他在 20 年前创作的，在当时非常前卫。

——摘自琼·迈克尔·帕克 2011 年 8 月的访谈录

⑤

⑥

马特·史廉

（Matt Shlian）

美国

我会用不同的方法制作作品零部件。我先在脑海中构建一个大致的样子，随后再自由发挥。虽然我常会在某个制作环节中出现差错，但这个过程会让我不断完善思路。

简言之，我认为我的创作源泉是好奇心。如果我一下子就能看到最终效果，设计就没什么意义了——我想要制造惊喜。

——摘自马特·史廉 2011 年 8 月的访谈录

④⑤ 两本手风琴式艺术家绘本，用一张纸做成的三角形立体书，琼·迈克尔·帕克

⑥《错叠》，纸雕，使用杜邦纸材料，机器人动画效果，马特·史廉，2009 年

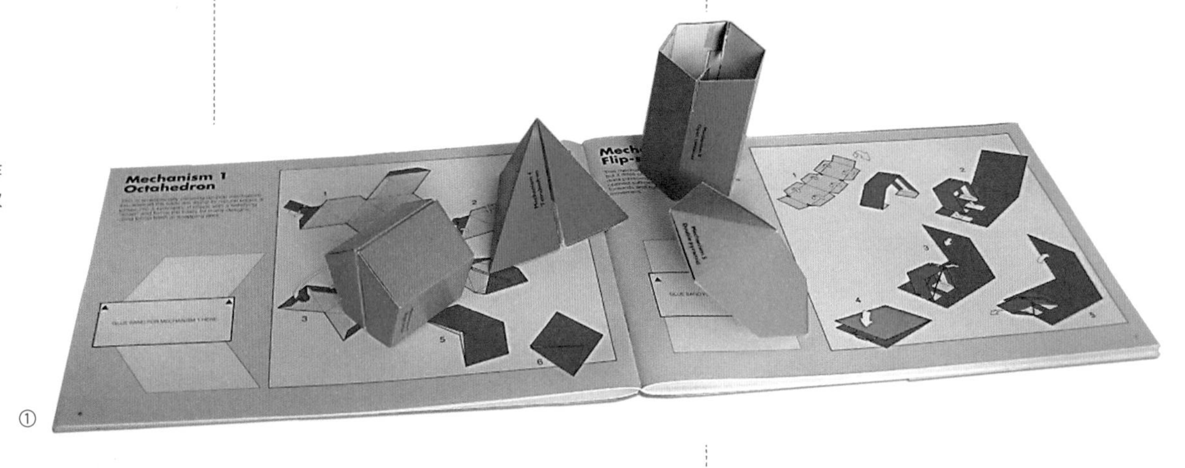

①③《弹出，有松紧带的纸艺作品》，马克·海纳，塔尔坎出版社，1991 年

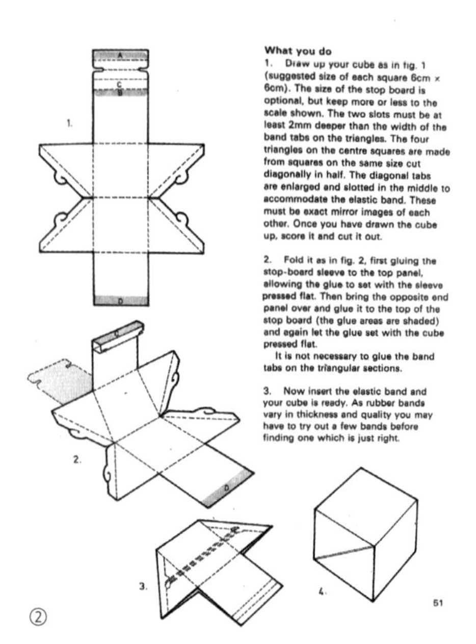

What you do

1. Draw up your cube as in fig. 1 (suggested size of each square 6cm × 6cm). The size of the stop board is optional, but keep more or less to the scale shown. The two slots must be at least 2mm deeper than the width of the band tabs on the triangles. The four triangles on the centre squares are made from squares on the same size cut diagonally in half. The diagonal tabs are enlarged and slotted in the middle to accommodate the elastic band. These must be exact mirror images of each other. Once you have drawn the cube up, score it and cut it out.

2. Fold it as in fig. 2, first gluing the stop-board sleeve to the top panel, allowing the glue to set with the sleeve pressed flat. Then bring the opposite end panel over and glue it to the top of the stop board (the glue areas are shaded) and again let the glue set with the cube pressed flat.

It is not necessary to glue the band tabs on the triangular sections.

3. Now insert the elastic band and your cube is ready. As rubber bands vary in thickness and quality you may have to try out a few bands before finding one which is just right.

51

②《难以置信的纸质机器》，维克·杜帕-怀特，伦敦 Ward Lock 出版社，1976 年，模型的展开图

弹出式卡片

弹出式卡片中的皮筋，能迅速将立体造型弹出。弹出式卡片经常用于广告，因为它能加深顾客的印象。卡片造型多样，如立方体、金字塔、小房子等。弹出式卡片诞生于 20 世纪。1976 年，富有创造力的纸艺工程师维克·杜帕-怀特出版了《难以置信的纸质机器》一书，里面介绍了很多这种类型的纸玩具。

“弹出式”这个名词在 20 世纪 90 年代随着马克·海纳（Mark Hiner）的《弹出，有松紧带的纸艺作品》一起问世。马克·海纳，这位纸艺设计师兼教师的作品非常有教育意义，他的书中展现了十几种基础设计草图，供人们了解弹出式工艺。

马克·海纳

英国

如果您想成为纸艺设计师，最好先去研究一下字体和插图。很多纸艺设计师都是在实践中学习的。有些设计师仿佛有一种天赋，能轻松地构想出三维空间；而有些只能想象出二维图像，这些人就需要在实践中摸索经验。

从最简单的想法开始做吧，一步一步探索，不要害怕出错，你们会在错误中有所收获。

摘自马克·海纳 2011 年 10 月的访谈录

③

折纸建筑

茶谷正洋

日本

折纸建筑是一种独特的折纸艺术，源于传统折纸术。折纸建筑由茶谷正洋（1934—2008 年）在 1981 年创立。这位富有激情的建筑师、东京技术学院建筑学教授、日本建筑研究院主任，希望能用纸复制出立体的建筑模型。

他的作品被广大当代立体书制作者借鉴。通过设计折纸建筑，他探索了立体工艺的方方面面，如 3D 排版、字母折纸、网状及片状工艺等。

在他的设计搭档中泽圭子（Keiko Naka Zawa）的协助下，茶谷正洋已经出版了 50 本著作，这些著作被翻译成多种语言，他本人也在无数场研讨会上介绍过制作方法。

2001 年，美国纽约工艺博物馆为他举办了一场盛大的展览。其他才华横溢的艺术家也受邀参展，如英格丽特・西利亚库、玛丽亚・维多利亚・加里多，以及与他经常合作的木原隆明（Takaaki Kihara）。

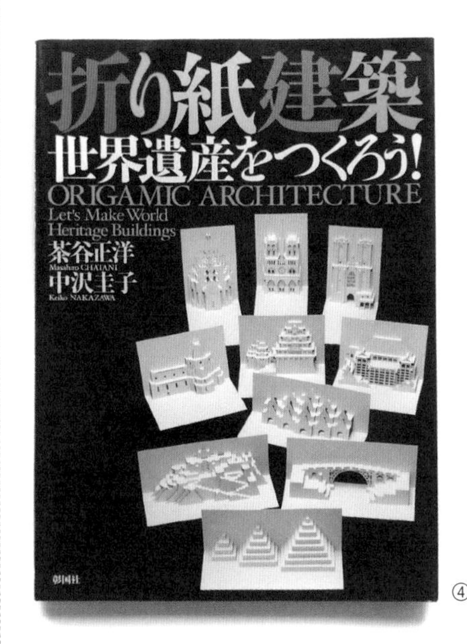

④

⑤

⑥

⑦

④《折纸建筑，让我们建造世界建筑遗产》，茶谷正洋，中泽圭子，东京 Shokokusha 出版社，2005 年

⑤《折纸建筑，京都之旅》，茶谷正洋，中泽圭子，东京彰国社，1994 年

⑥ 木原隆明和茶谷正洋在 1997 年的合影

⑦《鹰》，马克・海纳为卡车气压制动器设计的广告

①

木原隆明

日本

木原隆明经常用折纸建筑中的一种特殊工艺——“打孔纸雕”来制作作品。他在立体模切上留出小孔，光线就会透过小孔形成有趣的阴影效果。木原隆明制作了很多大型折纸建筑。

中泽圭子

日本

中泽圭子开创了一种以花卉或动物为基础元素的设计风格。人们认为她给折纸术带来了女性色彩。她开创了“新 180 度”造型，即把两个呈 90 度的图画组合在一起。无论从题材还是选纸来看，她的作品都很与众不同。

① 《雪花》，中泽圭子，让-夏尔·特雷比拍摄，发表于《白色圣诞节》（《茶谷正洋、中泽圭子作品集》，东京讲谈社出版，1989 年）

② 《悉尼歌剧院》，木原隆明，发表于《折纸建筑，世界著名建筑》（《茶谷正洋、木原隆明作品集》，东京 Shokokusha 出版社，1999 年）

③

③ “新 180 度”模型样本，中泽圭子，发表于《折纸建筑，京都之旅》，东京 Shokokusha 出版社，1994 年

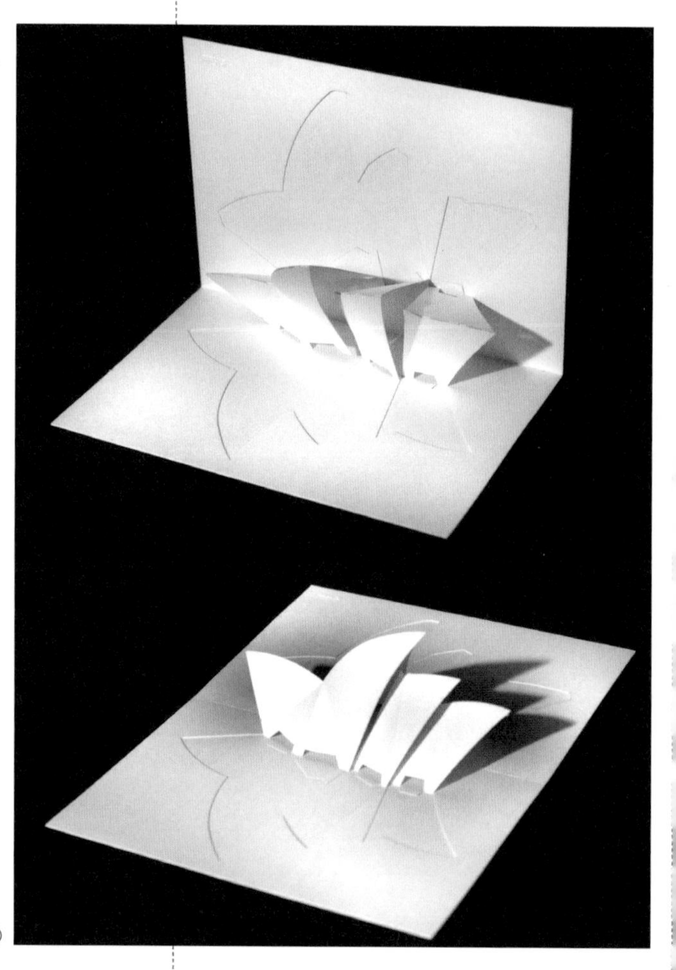

②

④

英格丽特·西利亚库
（Ingrid Siliakus）

荷兰

英格丽特·西利亚库着迷于茶谷正洋的作品，被其中散发的美感所折服。

她的作品通常是以建筑大师的抽象建筑图为原型，比如 M. C. 埃舍尔、伯拉吉和高迪。2006 年，英格丽特在荷兰纸艺展览上说："纸艺创作让我变得谦逊，因为每一种纸都有它自己的特征，需要你去一一适应。所以说，找到适合自己的纸张品牌是一项挑战。另外，在裁剪、折叠、雕刻纸张的过程中，也需要充分了解纸的特性。设计折纸建筑无法赶工，急躁是它的天敌，哪怕走一会儿神都可能导致失败。"

——摘自英格丽特·西利亚库 2011 年 8 月的访谈录

⑤

④《钥匙》，英格丽特·西利亚库，《纽约时报》2010 年秋季增刊封面。设计灵感来源于纽约和阿姆斯特丹的屋顶线条，作品四面完全相同，每一面都只用一张纸剪切而成。

⑤《大城市》，英格丽特·西利亚库，2011 年。设计灵感来源于纽约的建筑

埃尔德·贝雷格萨斯

（Elod Beregszaszi）

英国

我从事纸张制作、裁剪和折叠工作已有十余年了。最开始，我是因为在参观伦敦日本中心时看到茶谷正洋的作品而对折纸工艺产生了兴趣。随后不久，我开始设计抽象派建筑的模型。

2006 年，我创办了 Popuplogy 纸艺设计工作室。如今，我正在参加几个合作的项目，如橱窗布置、折纸产品制作。我还想探索折纸在其他领域的应用，如设计、排版、内部装修等。

——摘自埃尔德·贝雷格萨斯 2011 年 9 月的访谈录

①

②

①② 极其精密的几何结构展现了埃尔德·贝雷格萨斯的作品风格

吕西亚纳·芒克苏

（Luciana Mancosu）

意大利

我在参加卡利亚里旧景展时做出决定——我要用纸复原如今已经消失的建筑。这是一项挑战，因为有时为了修复缺失的细节，我必须从很多老照片中寻找答案。我的作品在撒丁语研究中心的图书馆展出，每件作品都配有一本小册子，上面写着那座建筑的历史和特色。

我在这个过程中感到了愉悦，还将这种创作方式用在我的几何学教学中。

③

④

③④《卡利亚里大教堂》和《卡利亚里海滨浴场》，吕西亚纳·芒克苏

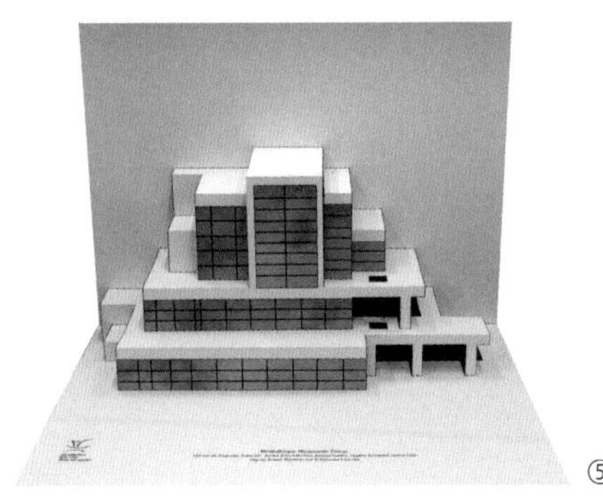

⑤

⑤《莱瑟普街道》《沙罗纳车站》和《玛格丽特·杜拉斯音像资料中心》，毛里齐奥·洛伊，2012 年

毛里齐奥·洛伊

（Maurizio Loi）

意大利

考虑到三维造型对伸缩性的要求，立体书工艺很适合用来制作小型可折叠的建筑模型。这个过程要遵循严格的步骤，将复杂的实体建筑转换成纸质模型。

这种化繁为简的手法能为读者呈现出多样的建筑形态，例如宫殿、城堡、教堂、桥梁等。

——摘自毛里齐奥·洛伊 2012 年 1 月的访谈录

插片设计

插片设计作品是一个三维模型，由扁平的插片组装而成。长条纸张的两边都有开口的插缝，相互嵌入后可摆成网状造型。

插片工艺是由约翰·夏普（John Sharp）开创的，他认为这种手法可以追溯到19世纪末伦敦数学家奥鲁斯·亨利奇的作品，以及德国马丁·席林公司在1911年制作的小型数学模型。的确，这种立体造型可以使数学模型教学更加一目了然，毕竟当时3D技术还未出现。

②

随着约翰·夏普作品的出现，人们用“插片设计”一词统称可塑性极好的数学模型。插片工艺是制作纸艺建筑的理想选择。长条纸张质地柔韧，可以折成直角、锐角或钝角。这项工艺看起来简单，但其实很难，因为纸条相互嵌入需要极高的精准性。设计师一般要用160～180g的纸张，不同方向的纸条需要用不同的编号标记。

艺术家玛丽亚·维多利亚·加里多和桃井裕子的插片设计作品都非常独特。

①

③

④

①《纸球结构》，选自《汤姆和蒂特的100次新体验》，巴黎拉鲁斯出版社，1892年首次出版，2005年再版

②③《球形》和《哥特水晶》，让-夏尔·特雷比根据茶谷正洋的作品制作

④ 琼·迈克尔·帕克作品中的插片设计

⑤

塔季扬娜·斯托利亚罗娃

（Tatiana Stolyarova）

俄罗斯

塔季扬娜·斯托利亚罗娃的作品造型很特别，不仅仅是几何图形。她设计的内容很有趣，也很复杂，如《快乐的猫》和《苹果》呈现了不同的物体，有动物也有水果。现在她专注于立体贺卡的创作，通过结合不同的制作工艺，带给人惊喜。

——摘自塔季扬娜·斯托利亚罗娃 2011 年 7 月的访谈录

⑦

⑥

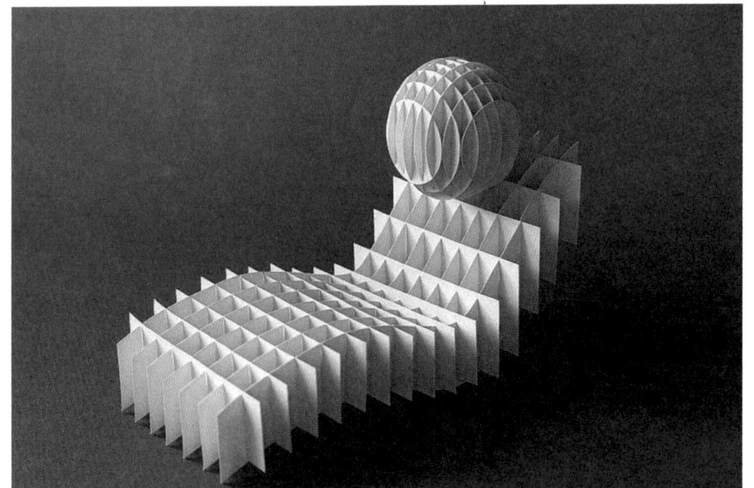

⑧

⑤⑥⑦⑧《三驾马车》《苹果》《绕圈舞蹈》和《表面》，塔季扬娜·斯托利亚罗娃

桃井裕子

日本

在制作立体书作品前，我会先画出立体书的结构、造型，以及阴影等细节草图，随后在脑海中重组它们。接着，我将重组后的图像再画下来，这张图一般与最初的草图不一样。

我坚持用立体设计工艺来创作作品，它能赋予艺术品空间感。随着设计逐渐深入，我越来越觉得没有哪一种理性的艺术形式能够和立体书一样，像魔法一般突然出现或者消失。

①②《树》，树和根，桃井裕子，2010年，一部插片立体书杰作

③《过山车》，桃井裕子，2011年，桃井裕子的代表作之一

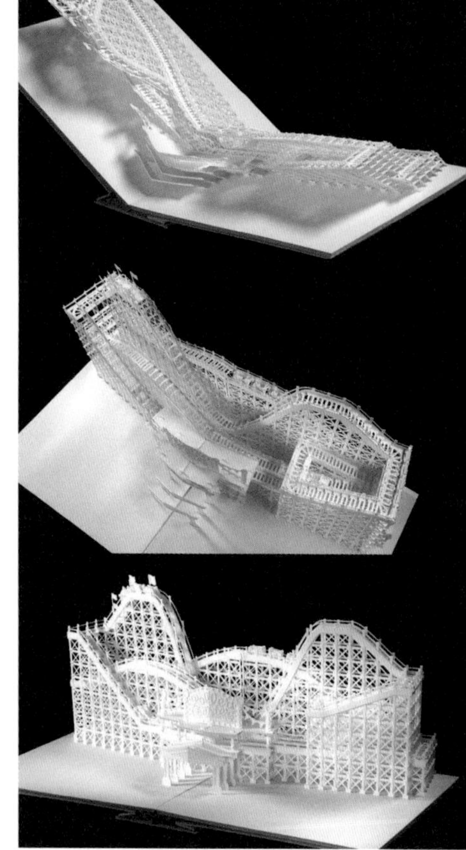

③

②

尚义成

（Sheung Yee Shing）

加拿大

我的大部分作品都是独一无二的插片设计，这种设计不需要粘贴。我最喜欢使用白纸，因为它的光影效果最好，而且能让人很清晰地观察到作品内部结构。虽然这种纸艺造型可以折叠，但是考虑到复杂的结构和易损的纸张，我不建议经常开合作品。希望您尽可能让书保持打开的状态，这样它会保存很多年。

——摘自尚义成 2011 年 7 月的访谈录

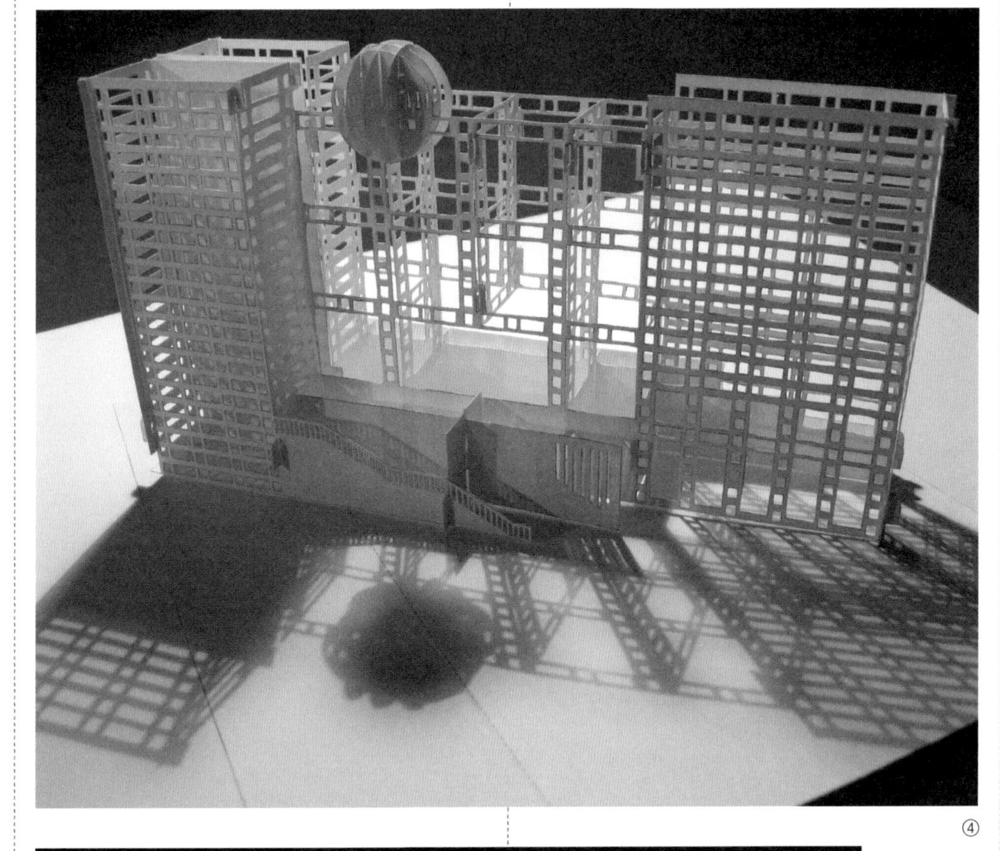

④

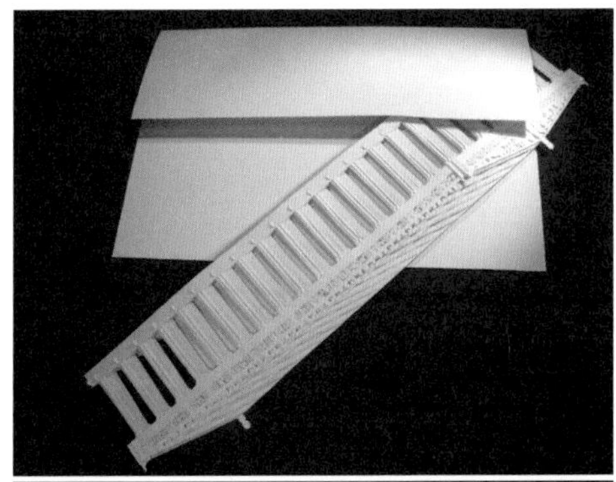

⑤

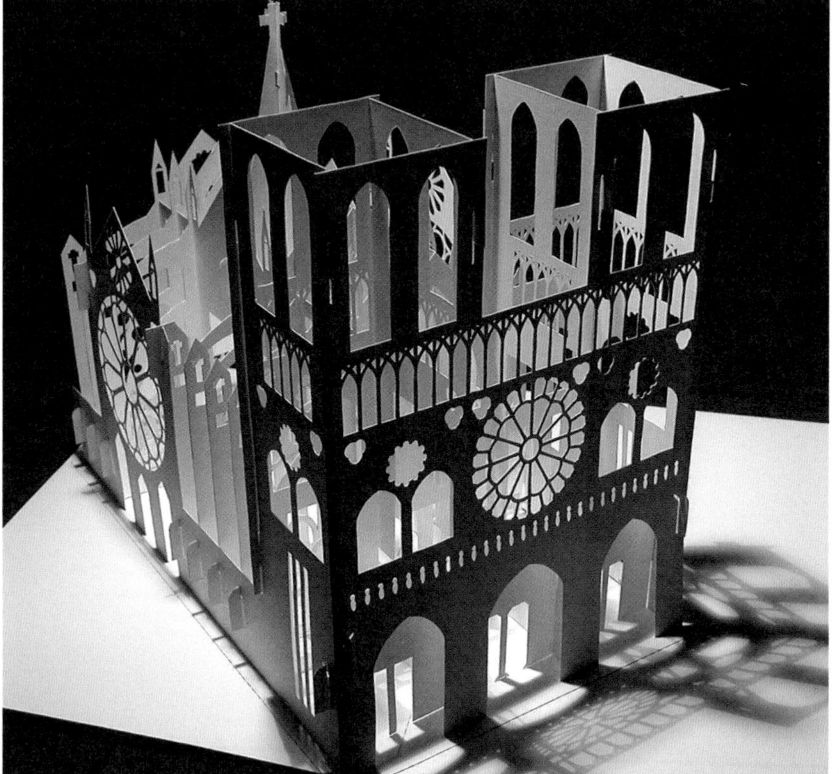

⑥

④⑤⑥《富士电视楼》《雅典帕特农神庙》和《巴黎圣母院》，尚义成

①《我要出生了》，驹形克己作品，
One Stroke 出版公司，1995 年

①

第二章

主题和藏品

公共藏品

今日的立体书，明日的遗产

阿纳 · 勒戈夫

2011 年，乔治·蓬皮杜图书馆举办了一场盛大的立体书展览，共展出 250 本立体书和相关资料。

立体书的历史悠久，展会上有 15 本是在 1900 年前出版的。

现当代大部分立体书都是面向孩子或艺术家的，而以前的立体书主要面向大众群体，那时候的设计看起来更加接地气。

十几年来，乔治·蓬皮杜图书馆在经费允许的前提下一直致力于收藏和推广立体书精品。如今，丰富的立体书藏品足以构建起明日的遗产。

——摘自乔治·蓬皮杜图书馆馆长阿纳·勒戈夫 2011 年 9 月的访谈录

①

②

①《法国花园、古城堡、乡村生活和花园结构》，亚历山大·德拉布尔德著，布儒瓦绘图，1808 年德朗斯印刷公司，乔治·蓬皮杜图书馆馆藏

②《机器人大剧场》，洛萨·梅根多夫，阿尔班·米歇尔少儿出版社，1997 年

③《最美的商店》，乔·扎古拉，吕科斯出版社于 1960 年前后出版，乔治·蓬皮杜图书馆馆藏

③

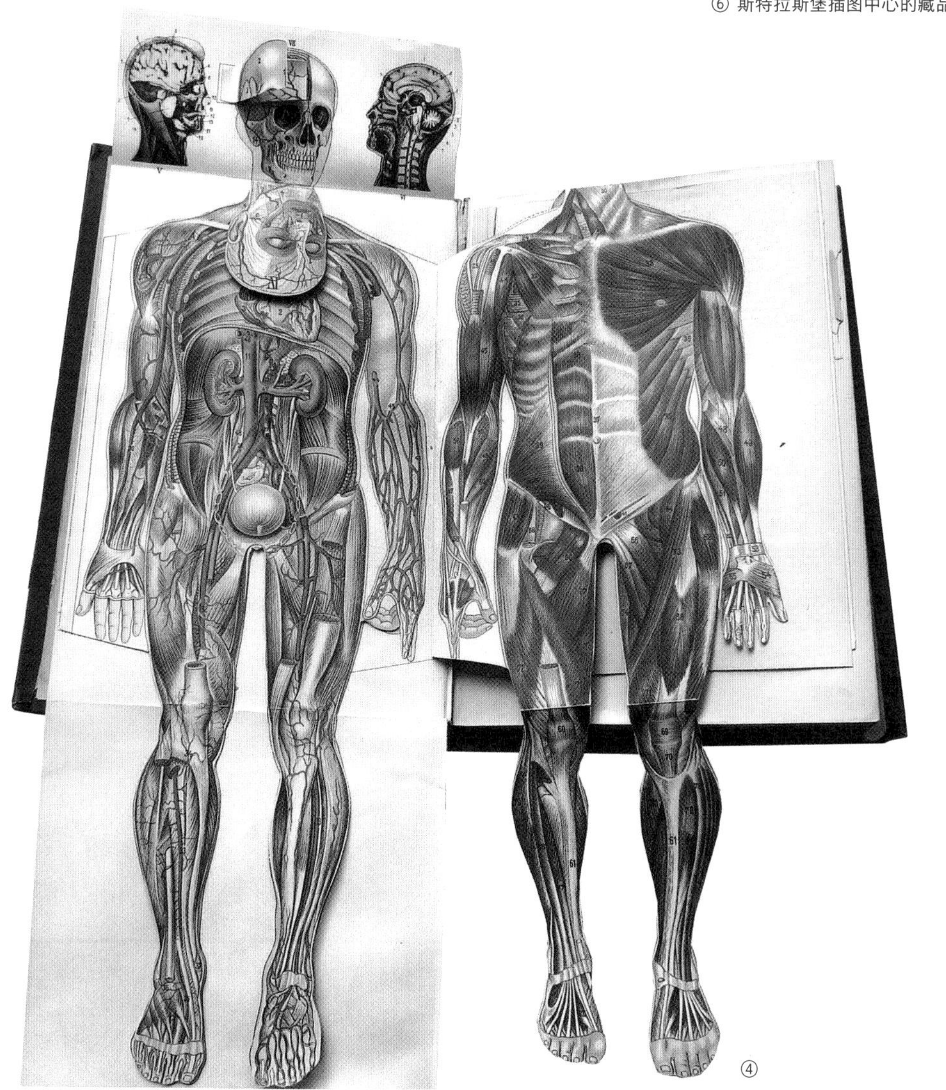

④

④《比尔茨，治病的新方法》（比尔茨是一位巴黎书商和编辑），折叠式解剖插图，1900 年，乔治·蓬皮杜图书馆馆藏

⑤《好莱坞的伟大电影》，马克西姆·雅库波夫斯基，阿尔班·米歇尔少儿出版社，巴黎，1987 年，乔治·蓬皮杜图书馆馆藏

⑤

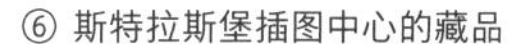

⑥ 斯特拉斯堡插图中心的藏品

⑥

斯特拉斯堡插图中心

在出版现代作品的同时，我们会收藏一些年代比较久远的立体书，比如由索邦出版社在 20 世纪 70 年代到 80 年代出版的日本立体书。

这些书打开呈 90 度角，插画风格简约，立体效果明显，制作经费少。

它们有一大特点：都使用“景色截断”法，垂直面作为墙，水平面作为地板，为人们营造视觉上的错位感。

——摘自埃莉斯·卡纳普尔 2011 年 9 月的访谈录

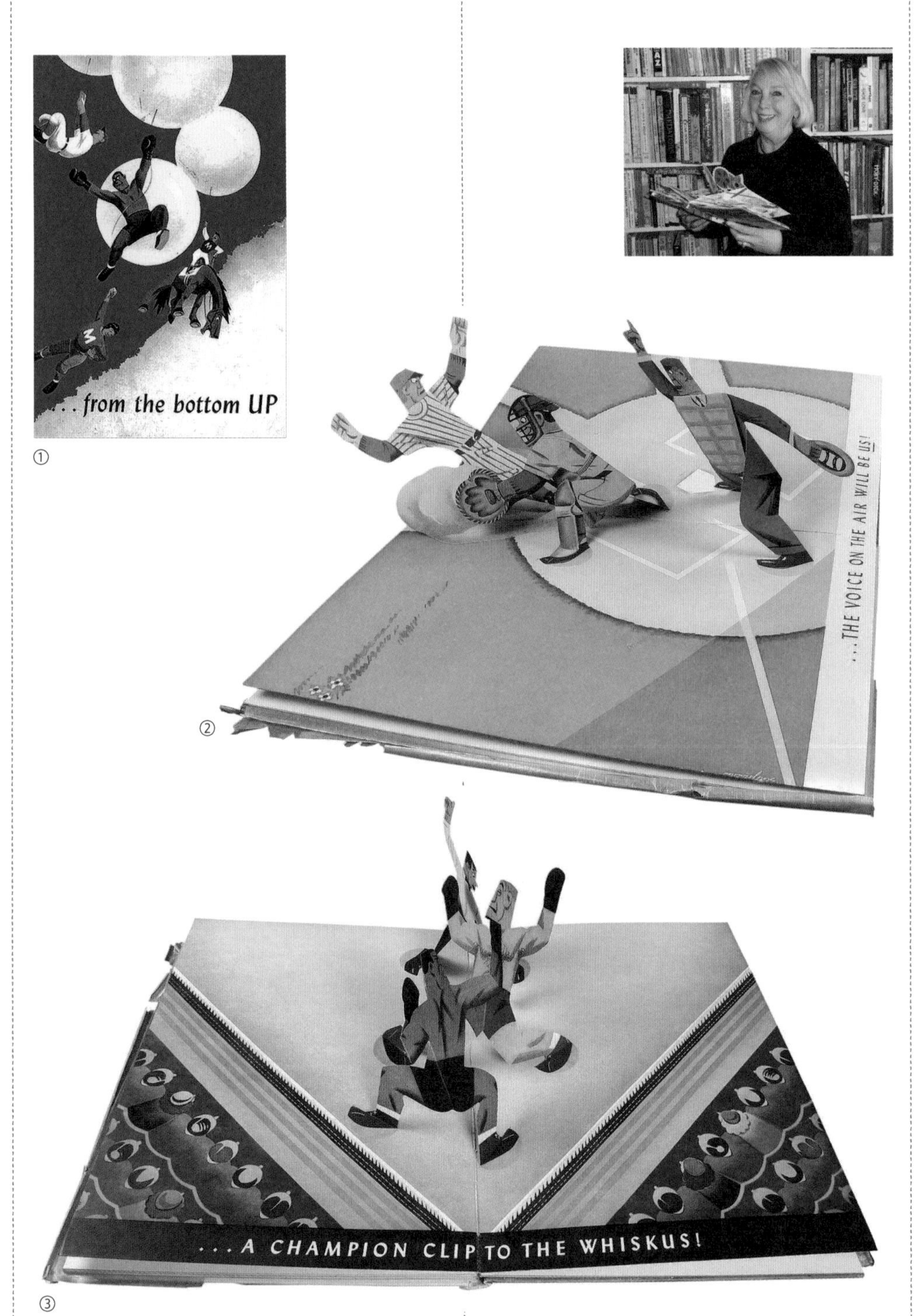

安·蒙塔纳罗

（Ann Montanaro）

立体书协会成立于1992年，是一家汇集立体书业余爱好者的国际平台。在450位成员中，有收藏家、历史学家、艺术家、纸艺设计师、编辑和书商。它旗下的季度刊物《立体文具》会举办两年一度的会议和大大小小的会谈，成员们相互交流立体书的发展史、制作过程和最新资讯。

我很难说哪几本是我最爱的，因为我收藏的每一本书在它那一类中都是独一无二的。但有三部作品值得一提：《很久以前的土地》《从下往上》《数甜点》。

《很久以前的土地》是欧内斯特·尼斯特在19世纪90年代出版的；《从下往上》由美国相互广播系统公司在20世纪40年代出版，它是一部与众不同的作品，在双层立体页面上展现了广播节目中提到的网球、赛马、足球、拳击等运动项目；《数甜点》展现了色彩斑斓的美味甜品。

——摘自安·蒙塔纳罗2011年9月的访谈录

①②③《从下往上》《棒球》《拳击者》，纽约相互广播系统公司，1940年，专为吉列安全剃须刀公司设计，安·蒙塔纳罗藏品

④《莫科和科科在丛林里》，沃伊捷赫·库巴什塔，阿蒂亚出版社，1961 年，埃伦·鲁宾藏品

埃伦·鲁宾

(Ellen Rubin)

每当想起 20 多年前的那个夜晚，我都会感到一阵喜悦。那是我第一次打开《卡车立体书》读给我的儿子安德鲁听。那一次的经历对于我们俩都是崭新的：抓住卡车的小拉杆，车子就沿着斜坡滑动……

我的立体书收藏生涯由此开始。最初我想专门购买一些像《神秘花园》和《灰姑娘》这样的儿童经典故事书，或者如《人体》和《生活现象》这样的科学主题绘本。我尤其着迷于科学类作品，我意识到立体书是独特的教学素材。

但是这种想法在 1991 年发生了转变。那时我就读于耶鲁医学院，参加了一次耶鲁斯特林图书馆的展览——“奇怪的书”。展览上，共有 125 本立体书展出，其中有一些还是 15 世纪出版的。所有作品，都带有纸质移动零件。纸艺设计的发展和创新让人印象深刻，从此我开始带着一种新的眼光和品味去收藏立体书。

1994 年，我加入了立体书协会，这是和我一样对立体书有狂热收藏兴趣的人的交流平台，旗下的刊物名为《立体文具》，我开始为这份刊物撰稿。这个平台给了我与纸艺工程师、书商、编辑和产品包装员交流的机会。

——摘自埃伦·鲁宾 2011 年 9 月的访谈录

安妮特·文斯特拉

（Annette Veenstra）

荷兰

安妮特和丈夫热拉尔住在“东风号”驳船上——这是一艘在欧洲航行的商船。

“我们有三个孩子，我对立体书的喜爱开始于整理孩子们小时候的书柜。我读了雷姆斯特出版社 1985 年出版的《农场》，书中所有的图画都可以动，鸡可以生蛋，奶牛可以产奶，马可以拉着装干草的马车走动，草垛上的孩子可以跑……从此以后，我开始在旧书摊、书市、商店等地搜集这类型的作品，不管新还是旧。收藏这件事一旦开始，就永无止境，甚至会成为一种病，但是这种病却能带给人欢乐。知道得越多，想得到的就越多，我们慢慢从收藏家变成了行家……

①

②

“我最喜欢的立体书是 1960 年版的《托尼和马戏团男孩》，它是布拉格绘本作家沃伊捷赫·库巴什塔的作品。书一打开，里面的物体全都会竖起来，形成一个三维的马戏团，真是了不起！还有罗伯特·萨布达和马修·莱因哈特在 2008 年出版的《勇敢的巫婆奶奶》。这本书第二页关于吃的设计真是完美，尤其是书中的一串串葡萄忽而弯曲，忽而展开！我还喜欢由赞皮亚·马里奥和森图里安配图的《睡美人》。我收藏的作品中最精美、最古老的是一张大小约 19 厘米 × 22 厘米的彩色画，名叫《塔克神父的幼儿园摇椅》。”

——摘自安妮特·文斯特拉 2011 年 10 月的访谈录

③

① 安妮特和作品《圣洁家庭——高迪鲜活的建筑》，在“东风号”驳船上，2008 年

② 安妮特最喜欢的“纸玩具”，拉斐尔·塔克，1901—1910 年

③ “东风号”驳船内景，安妮特和一本 1943 年出版的旋转木马式立体书《睡美人》

朱利安·拉帕拉德

(Julien Laparade)

法国

读者可以欣喜地进入令人惊叹的布景中，继续做梦或旅行，这就是这一类作品常见的主题是神话故事的原因。一些伟大的插画师，如沃伊捷赫·库巴什塔、扎古拉或路易斯·吉罗等，都喜欢从经典故事中汲取灵感。我很喜欢的一位立体书艺术家是路易丝·罗（Louise Rowe），她是《小红帽》《糖果屋》和《睡美人》的作者。她成功构建了一个个令人忐忑不安的世界，作品图画精美，用色考究。她喜欢在大自然的启发下随性创作，充分发挥想象力。

不过，仅仅有想象力是不够的，如果没有纸，艺术家也会束手无策。看似不牢固的纸张其实充满了张力，可以用来搭建稳固的结构；未加修饰的纸张就像一件精美又神奇的大衣。纸一直是艺术家的最佳伙伴。插画师蒂埃里·德迪厄在纸艺设计师卡米耶·巴拉迪的帮助下，制作了立体幻灯作品，为读者重新讲述民间传说和宗教故事。他的作品精细美妙，一个个动物在纸质画卷上栩栩如生。他从日本戏剧中直接取材，设计故事背景，展现《拉封丹寓言故事》和《诺亚方舟》。

——摘自朱利安·拉帕拉德 2011 年 9 月的访谈录

④

⑤

⑥

④《瑞贝卡的小剧场》，法国插画家瑞贝卡·朵特梅，阿歇特出版社，2011 年

⑤《阿祖尔和阿斯马尔》，凯瑟琳·苏莱蒂改编自米歇尔·奥切洛特电影的剧场绘本，Ethan 出版社，2006 年

⑥《白色》，大卫·佩勒姆、伊莎贝尔·勒普兰，米兰青少年出版社，2008 年

帕特里克·洛科克

(Patrick Lecoq)

法国

1981年，我在澳大利亚发现了格雷厄姆·奥克利的作品《格雷厄姆·奥克利的神奇变化》。这部作品沿中线水平剪开，所有图画完美相接，营造出一个超现实的想象空间。之后，我买了属于我的第一本立体书——扬·皮恩科斯基的作品《鬼屋》。

与此同时，我在工作中第一次接触到苹果电脑。我对信息技术的好奇心从未减弱，但矛盾的是，这种兴趣反而让我喜欢上了立体书，它让我暂时脱离冷冰冰的机器和屏幕，欣赏用简单的纸板做出来的3D图画。我想，立体书将是最后一种抵抗信息化浪潮侵袭的书籍。

我对所有可以展现建筑和空间多样性的书都感兴趣。我也曾仔细剖析过其中的技巧。纸艺工程师无穷的创造力让人着迷，他们用一根小细绳就可以拉动一群人物。我逐渐抛开那些幼儿立体书，转而关注结构更加复杂的作品。

2003年，在一次由雅克·德斯和蒂博·布鲁内索发起的展览上，我有幸欣赏到大师的作品。我得到了一本菲利普·于什的书，欣赏了“立体书之父”萨布达绚丽的作品，还对大卫·卡特的抽象设计产生了兴趣。

①

和蒂埃里·德诺见面之后，我有机会和其他志愿者一起为他出色的立体书网站撰文，点评一些新刊登的作品。

——摘自帕特里克·洛科克2011年8月的访谈录

②

①《建筑》，罗恩·范德梅尔、德扬·苏吉克撰文，马克·海纳、科琳娜·弗莱彻设计，1997年，瑟伊青少年出版社，帕特里克·洛科克藏品

②《年轻自然主义者的立体手翻书：蝴蝶》，马修·莱因哈特、罗伯特·萨布达，2001年，Hyperion出版社

③

④

③《怪物和龙》，马修·莱因哈特、罗伯特·萨布达，瑟伊青少年出版社，2011 年

④《格雷厄姆·奥克利的神奇变化》，雅典娜少儿图书出版社，1980 年

动画识字读本

贝尔纳·法卡斯

（Bernard Farkas）

法国

识字读本的目的是教学，它一直以来都是青少年出版社青睐的对象。

一些艺术家围绕识字读本，进行了多次讨论，提出了振奋人心的建议。这些艺术家有卡瑞尔·泰格、埃尔特、克洛蒂尔德·奥利夫、罗纳德·金、克韦塔·帕科夫斯卡、马里翁·巴塔伊等。

我开始收藏印刷品时，只是觉得它们的美很神秘。印刷品种类繁多，涵盖了书、卡片、插画、广告、藏书票等。识字读本是印刷品中较早出现的类型，专门面向儿童。其中最富有创造力的要数 17 世纪识字读本的插图。

关于识字读本，我要说的太多，无论是关于它成为大师级绘本的可能性，还是关于它与当时社会思想之间的联系。

有时，即使纸张和印刷质量都并非上乘，也不妨碍一些不知名的编辑设计出优秀的作品。识字读本反映了整个出版业现状，就像阿里巴巴那个巨大的神奇山洞……有没有阿里巴巴这个主题的识字读本呢……当然有！

——摘自贝尔纳·法卡斯 2011 年 8 月的访谈录

③

①

②

①② *ABC*，乔·扎古拉，吕科斯出版社，1950 年。雅克·德斯说这本书是吕科斯出版社出版的最优秀的画册之一，贝尔纳·法卡斯藏品

③《露西·阿特威尔的立体书，abc》，英国 Dean & Son 出版公司，1979 年，贝尔纳·法卡斯藏品

④

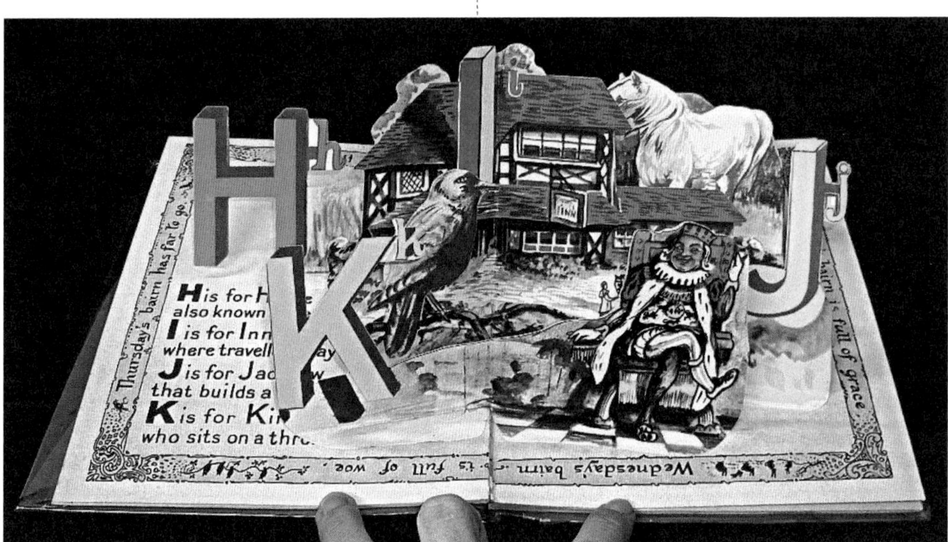

⑤

⑥

④《最让人惊奇的捉迷藏式字母书》，罗伯特·克劳瑟，Viking 出版社，纽约，1977 年，贝尔纳·法卡斯藏品

⑤《每日快报 ABC》，选自《每日快报》，伦敦，1930 年，贝尔纳·法卡斯藏品

⑥《多面字母表 ABC》，选自画册集《快乐的磨坊》，1950 年，贝尔纳·法卡斯藏品

①

②

③

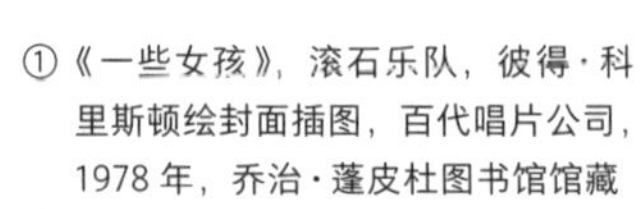

①《一些女孩》，滚石乐队，彼得·科里斯顿绘封面插图，百代唱片公司，1978 年，乔治·蓬皮杜图书馆馆藏

②《魔法书》，威廉·威斯纳，Grosset & Dunlap 出版社，纽约，1944 年，丹尼·特里克藏品

④

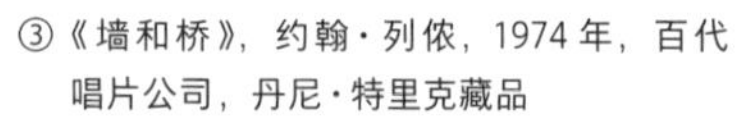

③《墙和桥》，约翰·列侬，1974 年，百代唱片公司，丹尼·特里克藏品

④《杰瑟罗·塔尔，站起来》，选自《新音乐快递》杂志，1969 年，丹尼·特里克藏品

立体魔术书

丹尼·特里克

(Dany Trick)

法国

我是如何登上立体魔术书收藏家榜首的呢？哦！这个很简单。我收藏这类书已经长达50年了，像其他领域一样，积累的功夫对于收藏家格外重要，我必须要站在前人的肩膀上才能开辟新的道路。

我最喜爱的作家之一是沃伊捷赫·库巴什塔，我想要买到他所有的作品，找到所有和他有关的文章。因此我经常去布拉格。为什么会选择魔术主题的立体书来收藏呢？原因很简单，因为我从事的就是魔术行业，我是 Inner Magic Circle 俱乐部、美国魔术师协会和国际魔术师协会的活跃成员。

此外，我一直都对裁剪、折纸感兴趣，也有很多相关的藏品。我在 Inner Magic Circle 俱乐部经常遇到英国的折纸艺术家史蒂夫·比德尔（Steve Biddle），他写了很多魔术主题的文章。

——摘自丹尼·特里克2011年9月的访谈录

⑥

⑤

⑦

⑤《巴黎和好莱坞》杂志第78期，《没穿衣的女佣》，丹尼·特里克藏品

⑥《魔法书》，威廉·威斯纳，Grosset & Dunlap 出版社，纽约，1944年，丹尼·特里克藏品

⑦ 丹尼和他最喜欢的书《神奇的单词书，主角魔术师马尔科》，约瑟夫·马修配图，佩尼克设计，兰登书屋和儿童电视工作坊联合出版，1973年，丹尼·特里克藏品

青少年文学中的立体书

弗洛朗斯·莱亚

（Florence Leyat）

为了吸引读者，纸艺设计师总是在寻找更复杂、也更吸引人的制作手法。20 世纪 70 年代末，随着扬·皮恩科斯基的作品《鬼屋》出版，立体书一路发展至今天，人们开始自问：立体书还会继续发展吗？在数字化（尤其是 3D 电影）领先纸质书籍的环境下，流行效应会减退吗？从某种意义上来说，立体书将继续作为一种艺术品而存在，即使它作为消费产品即将消失，它也会一直反映人们对颜色、形状和材质的追求。立体书受到传统儿童文学插图书的启发，除了有精美的外表，还创造了一种“丰盛”的语言，让人物和场景都变得真实可信。

立体书让孩子参与到阅读之中，让孩子在游戏中学习知识。立体书能培养孩子的感知力和想象力，鼓励他们探索新事物。纸艺设计师非常明白这个功能，他们有时会在作品结尾的地方添加一些让孩子自己动手制作的模型。

围绕这些书，人们开展了许多创意工作坊活动，比如玛丽蒙特图书工作坊和比利时书籍制作工作坊等。像驹形克己、加埃尔·佩拉绍等艺术家，他们把艺术变成了鲜活的游戏，用来传播技术。

纸艺设计师的角色就是让看似不堪一击的虚拟形式变得真实。这种书如果设计不当就会出现材料弯曲或脱落的情况。不管怎样，它们都会在使用过程中磨损殆尽。然而美国的研究表明，虽然立体书不像普通纸质书能保存很久（一般立体书只有六周到六个月的使用寿命），但人们在短暂的使用期限内翻阅立体书的频率要比普通书高很多，所以，立体书和普通书因磨损而被丢弃前的使用次数几乎是相同的。

①

①《飞机》，帕夫林，布拉格阿蒂亚出版社，1987 年，让-夏尔·特雷比藏品

布鲁诺·穆纳里

布鲁诺·穆纳里是一位名副其实的艺术家，他架起了几代创作者之间的桥梁，堪称 20 世纪下半叶立体书领域的伟大先驱。

无论在生活中还是创作中，布鲁诺·穆纳里的玩心都很重，他将创作付诸实践，尝试了各种各样的艺术形式：雕塑、绘画、绘本设计、产品设计、摄影、表演和书法。他还参加了很多艺术流派的活动。在创作立体书的过程中，他喜欢融合各类艺术手法，并坚持自己的独特风格。

从 1927 年到 1997 年，他创作了 150 部作品，其中 30 部是写给孩子的。他设计的青少年读物成功摆脱了传统的桎梏，让书籍与游戏产生联系，鼓励孩子探索世界。在 20 世纪 60 年代，他还开创了一种名为“与艺术玩耍”的新型立体书，他想让孩子边看绘本边构建场景，让阅读过程更加有趣。

从艺术研究和教学方法的角度来看，穆纳里的影响并未因他的逝世而减弱（尤其在意大利、法国和日本）。如今，他的理论和艺术类书籍仍然广受教育界和艺术界专业人士的赞誉。

②

② 《数甜点》，罗伯特·萨布达，小西蒙出版社，1997 年，帕特里克·洛科克藏品

③ 《热带雨林》，《国家地理》，阿尔班·米歇尔少儿出版社，1990 年，帕特里克·洛科克藏品

④ 《我的海盗船》，立体游戏书，史蒂夫·考克斯、尼克·邓奇菲尔德，Gründ 出版社，2006 年，帕特里克·洛科克藏品

③

④

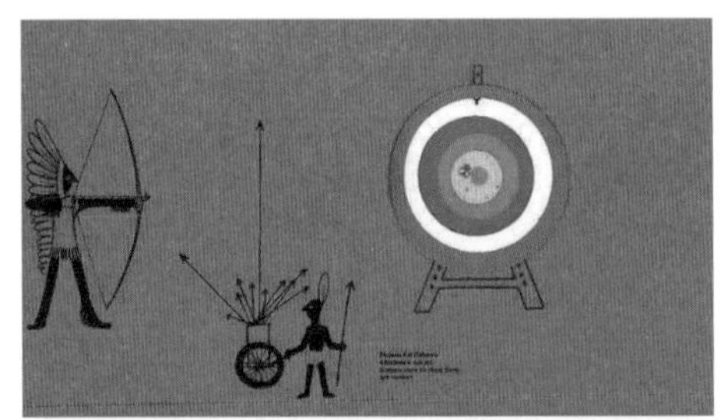

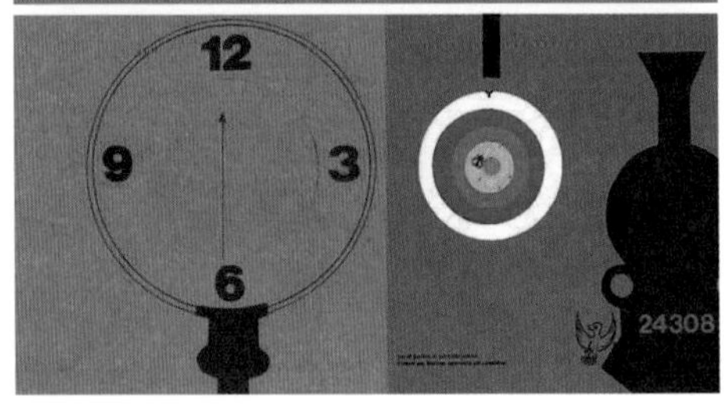

①

克韦塔·帕科夫斯卡

（Květa Pacovská）

克韦塔·帕科夫斯卡，1928 年出生于布拉格。近 40 年来，她已经出版了 60 多本书，这些书被翻译成 20 种语言，获得多个知名奖项。她的作品在全世界 100 多个展览上展出。

如今克韦塔·帕科夫斯卡的作品主要以造型艺术（绘画和雕塑）闻名世界，她对青少年读物的创作始终抱有热情。她将数字、字母、图画融为一体，使作品像一个奇妙的互动游戏场地，那里有鲜艳的色彩、精美的剪裁、考究的纸张，还有立体动画。

克韦塔·帕科夫斯卡受到了如克利、康定斯基、米罗等艺术家美学的启发。和布鲁诺·穆纳里一样，她鼓励孩子在阅读中向艺术发问，尽情想象和释放情感。在《走向无限》一书中，她推荐了一些介于青少年读物和艺术家绘本之间的作品。

驹形克己

1953 年，驹形克己出生于日本，他从 1990 年女儿出生时开始创作立体书，后来在自己创办的 One Stroke 出版公司里从事童书创作。他设计了 30 余本青少年读物，在全世界组织了多次亲子工作坊活动。

为了和刚出生的女儿交流，驹形克己创作了“小眼睛”系列卡片。这是一些三折立体卡片，灵感来源于捉迷藏游戏。随着女儿逐渐长大，为了使她获得全新的触觉和其他感官体验，驹形克己开始构思更加独特的装帧并寻找新的纸张。他设计了一些简单、精巧的绘本，色彩鲜艳，印刷考究。他很爱用透明纸张，也喜欢将剪纸叠加在一起……

——摘自弗洛朗斯·莱亚 2011 年的访谈录，结合了他 2010 年在普罗旺斯发表的论文《儿童和立体书：艺术探索如游戏》

① 意大利语版和法语版《在米兰的雾中》，布鲁诺·穆纳里。穆纳里在书中运用了透明剪裁工艺

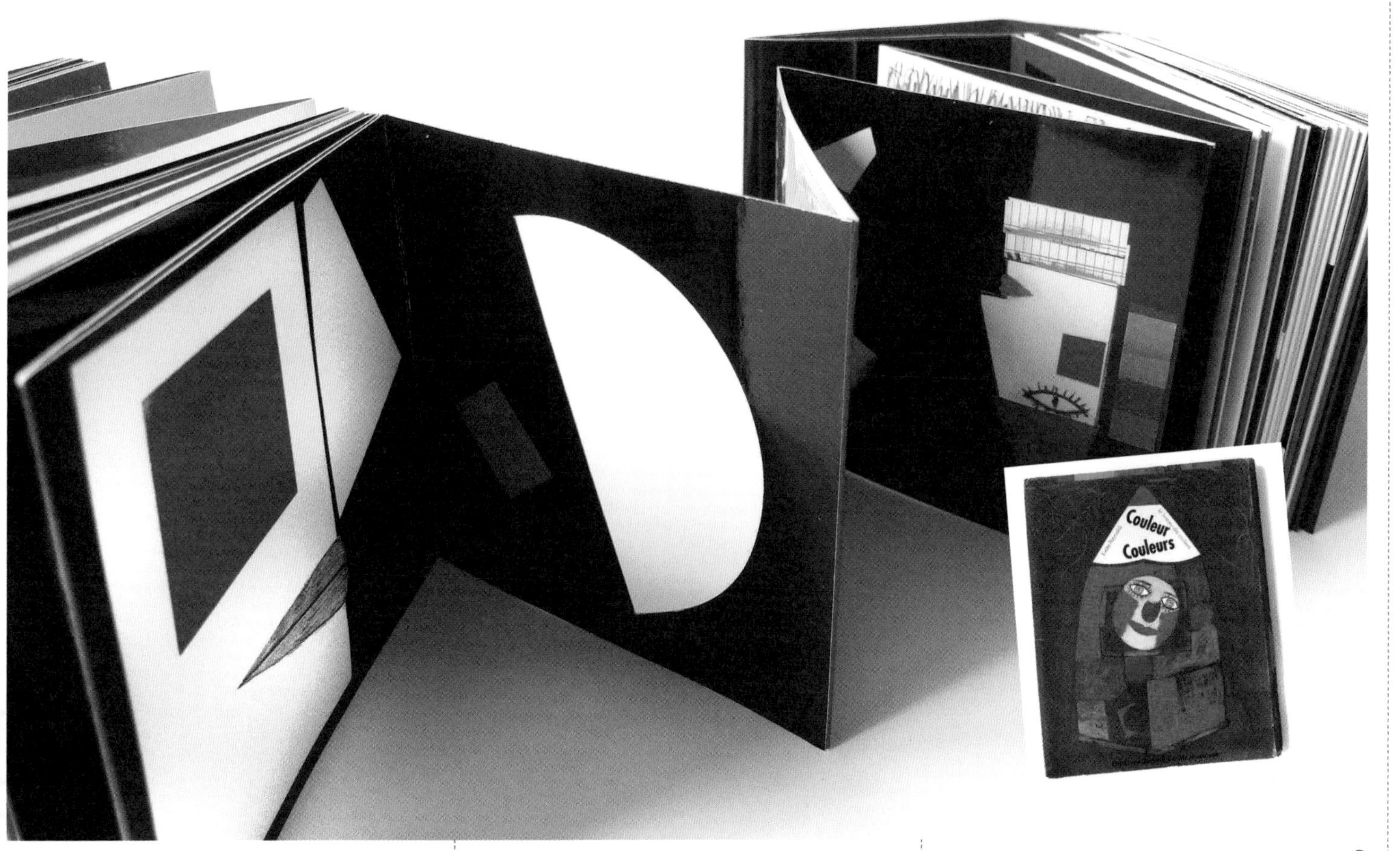

②

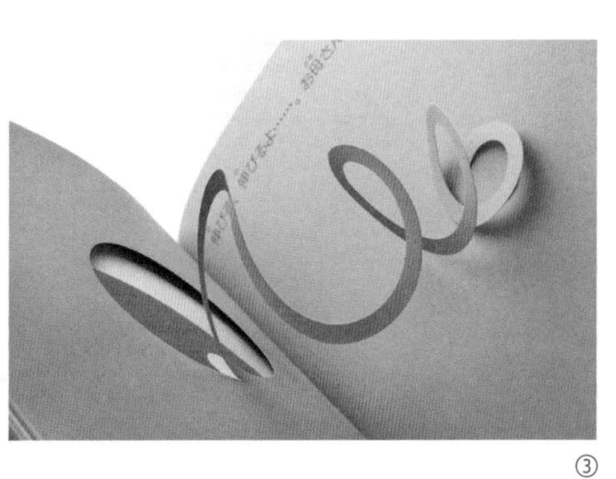

③

④

②《一天的颜色》，克韦塔·帕科夫斯卡，伟人出版社，巴黎，2010 年。《多彩的颜色》，克韦塔·帕科夫斯卡，瑟伊青少年出版社，巴黎，1993 年

③《我要出生了》，驹形克己，One Stroke 出版公司，1995 年

④《婴儿眼中的橙色透明纸》，三只熊出版社

①

①《在月球上行走》，埃尔热，贺曼出版公司，1970 年

③

③《蜘蛛船奇遇》，菲利普·弗朗西斯·诺兰配图，蓝丝带出版社，芝加哥，1935 年

②

②《立体书》，2006 年

立体漫画书

你知道立体漫画书吗？如果向第九艺术爱好者提这个问题，毫无疑问，他们会告诉你这类书很少！即使如此，有些作品还是非常值得一读。

1933 年，美国出版了第一批立体漫画书，华特·迪士尼米奇系列的《糊涂交响曲》就是其中的一本，封面标题旁边还特别标注了“书中有立体配图”的字样。随后，1935 年著名的巴克·罗杰斯的冒险故事《蜘蛛船奇遇》出版。接着，一大批迪士尼立体书问世，如《大力水手》和《泰山》，还有《X 战警》《绿巨人》《蜘蛛侠》等作品。这些书在当时的欧洲鲜为人知。

阿歇特出版社在 1934 年出版了《米奇在那儿》，1949—1953 年出版了《大象巴巴》和《齐格和塞拉》。在漫画书索引名录里，这些书被归为“立体绘本”。1968 年的《高卢英雄阿斯泰利克斯》和 1973 年的《幸运的卢克》也被归到这一类。

最有名的立体漫画书当然是《丁丁历险记》，由贺曼出版公司和卡斯特曼出版社在 1969 年至 1971 年间联合出版。1993 年，赫玛出版社出版了三部蓝精灵主题的作品；2006 年，弗雷米翁出版社带我们走进《寒流》的立体世界；2007 年，《难以置信的蜘蛛侠》在巴拿马出版社出版。不过，立体漫画书真正的匠心之作还是山姆·伊塔（Sam Ita）的三部作品，分别为 2007 年的《白鲸记》、2008 年的《海底两万里》和 2010 年的《弗兰肯斯坦》，这三部作品都由美国斯特灵出版社发行。后来，前两本还被译成了法语，由日式漫画出版社和弗勒吕出版社联合出版。但是，这些立体书在现在的漫画艺术家看来都缺乏创新。

在《另一种漫画书》中，一位笔名为杰西·比的漫画书爱好者引入了“立体漫画书”的概念。他认为，立体书的概念是很宽泛的，艾蒂安·勒克罗阿尔的作品《佩文切和维克多》和伯努瓦·雅克制作的手翻书都可以称为立体书，马克-安托万·马修的《梦之囚徒：进程》中的螺旋设计更是探索了广义立体书的基本特征。但是这些还远远不够，书中还应该出现各种惊喜，比如旋转木马、拉杆和卷轮等。这样的作品都是需要我们继续探索和出版的。

④

④《海底两万里》，山姆·伊塔，2008 年

⑤

⑤《史比锐立体漫画》，威尔·艾斯纳配图，纸艺工程师布鲁斯·福斯特设计，Insight 出版社，2008 年

⑥

⑦

⑥ 第二部《酥皮水果甜点和苹果的历险》，玛蒂尔德·阿诺和爱德华·库尔，书中配有折纸模型

⑦《梦之囚徒：进程》，马克-安托万·马修，德莱古尔出版集团，1993 年

艺术家绘本

玛丽-克里斯蒂娜·居约内

（Marie-Christine Guyonnet）

法国

只印一本样书的实验类艺术家绘本和发行量数千的立体书有一个共同点：它们都需要手工制作。不过，艺术家绘本不需要追随任何潮流，因为它们创造潮流，就像马里翁·巴塔伊的*ABC 3D*。这本限量版绘本在世界范围内取得了成功，掀起了一场从商业到创意层面的立体书风潮。在这些作品中，设计师不需要讲故事，也不需要传授东西，只要有纯粹的外形加上图文间的诗意关联就够了。

有充足的时间和绝对的自由才可以创作出这样的纸艺杰作，这是当今出版社复制不出来的作品。如今，实验类型的艺术作品和传统书籍间的界限渐渐消失了，手工剪裁、绘图、粘贴、雕刻、印刷等技术启发着编辑。在这个孕育创造力的摇篮里，在这块无边界的试验场上，艺术家绘本无疑会是未来立体书的典范。

——摘自玛丽-克里斯蒂娜·居约内 2012 年的访谈录

①

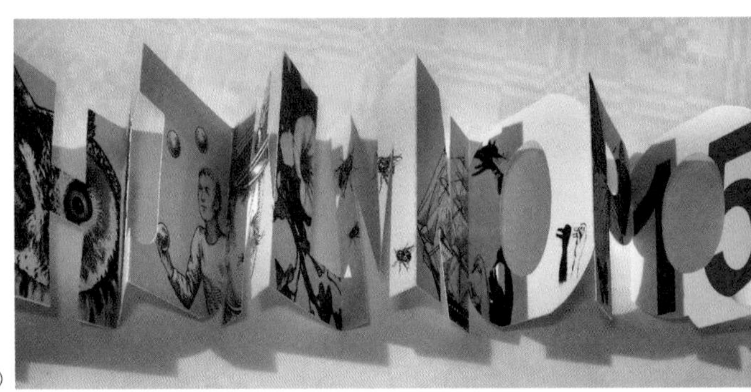

②

③

①《盛大旅行》，布里吉特·于松

②《字母表》，伊莎贝尔·费弗尔，微型手风琴书，2011 年

③《从他所在的那条街看》，弗雷德里克·勒卢斯·德尔佩奇，2011 年。仅一本，藏于图卢兹若泽·卡巴尼斯音像资料中心

④

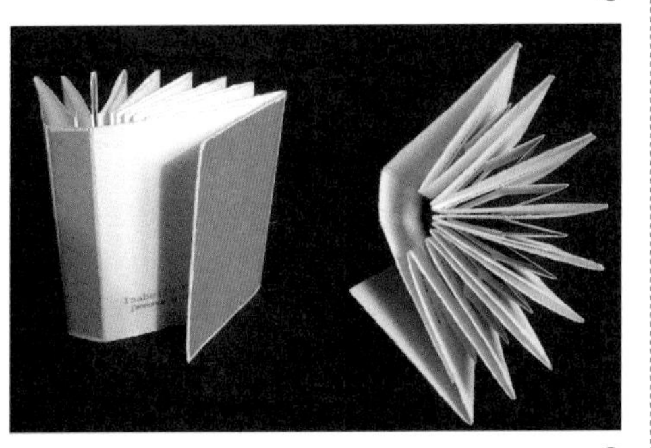

⑤

⑥

⑦

④《小红帽》，朱莉娅·肖森，木制雕刻品，2011 年

⑤《我宣布颜色》，伊莎贝尔·费弗尔，2011 年，微型莱波雷洛书，含有八句和色彩有关的谚语

⑥《从这里到那里》，迪亚娜·德·布尔纳泽，仅一本，2009 年，玛格丽特·杜拉斯音像资料中心藏品

⑦《逐字逐句》，凯瑟琳·利埃茹瓦，法国里昂，微型莱波雷洛书，2009 年

⑧

⑧《混合宇宙》和《立体心理书》，安托万·迪图瓦和马尔维娜·阿加什，2006 年

⑨《生命的圆圈》，安托万·迪图瓦和马尔维娜·阿加什，2009 年，一本折成风筝造型的书

⑨

安托万·迪图瓦和马尔维娜·阿加什（Antoine Duthoit & Malvina Agache）

法国

如果一位画家兼造型艺术家和一位装订工在工艺技巧和图形空间设计上达成共识，他们便可以顺利地用手工制作出一个个零件，将国外有创意的立体书变成微型版本。安托万·迪图瓦是立体书《视网膜下的糖果》的创作者。梦幻形式、部落精神和嵌套结构是他主要的创作特色。马尔维娜·阿加什用纸张和回收纸板制成图书。经过一次常规装订培训之后，艺术家绘本和物体绘本[1]开始成为她主要的创作对象。安托万·迪图瓦还是“卡吉比”画廊的创始人。这家画廊 2009 年在里尔开业，每个月都会举办一次展览，汇集各地不同风格的艺术家作品。这里展出的书有一个共同的特点：全都为手工制作，而且不贵。

——摘自安托万·迪图瓦 2011 年 9 月的《食墨人，丝印绘图师》

1　一种独特的书籍类型，抛弃书的结构，通过物体的造型来表达作家的想法。——译注

加埃尔·佩拉绍

法国

立体书的结构和纸张吸引着我，我一直想设计出造型新颖的立体书。我将书籍设计视为做雕塑或绘制巨幅画面。构思作品要花费我好多年的时间。我希望我的设计可以增加书的神秘感，让书籍不仅仅是一个平面的物体。我追求纸张内部的运动，期待不同工艺之间可以达成一致，不再受到技术的羁绊，让创作超越一切。我期待创造出纸张之间的魔术。

我的作品讲述的是旅行，书中的内容都是我在散步过程中收获的，有照片形式的、图画形式的和雕塑形式的。作品最后会呈现出电影效果、剧场效果，或者是幻灯片效果。

我想创造一种与众不同的读图理念，让读者在看书时像在大银幕上看电影一样。

——摘自加埃尔·佩拉绍 2011 年 7 月的访谈录

①

②

③

①《西西里的木偶，罗兰之歌》，加埃尔·佩拉绍，拉斐尔·安德烈亚出版社，2009 年

②《马德里》，加埃尔·佩拉绍，拉斐尔·安德烈亚出版社，2008 年

③《魁北克，自然风景如画》，立体剧场书，加埃尔·佩拉绍，拉斐尔·安德烈亚出版社，2011 年

保罗·约翰逊

(Paul Johnson)

英国

10 年来，我设计了很多立体书，它们有一个共同的特点——不用折叠。我用马牙榫接合的方式连接纸的两部分，这种方式能防止纸张因不断展开和合拢而磨损。它还有一个好处就是，可以方便地取下或替换书的各个部分。折起马牙榫的一角把它塞到交合处，再在另一侧打开，这样一来，马牙榫的形状会保持原样，无须反复粘贴。立体书有时会由 100 个零件构成，用这种方式就可以轻松拆卸和重新组装了。书中没有设计弹出装置，立体书可以一直摊开，无须恢复原状。

为了得到多彩效果，我将润湿的水彩纸染色，再用蜡笔加工。这个设计灵感来源于欧洲中世纪艺术和日本葛饰北斋的作品。我大部分的作品都参考了 19 世纪的建筑，尤其是玩具屋。

——摘自保罗·约翰逊 2011 年 8 月的访谈录

④

④⑤《水果收集者》和《浮动温室》，
保罗·约翰逊

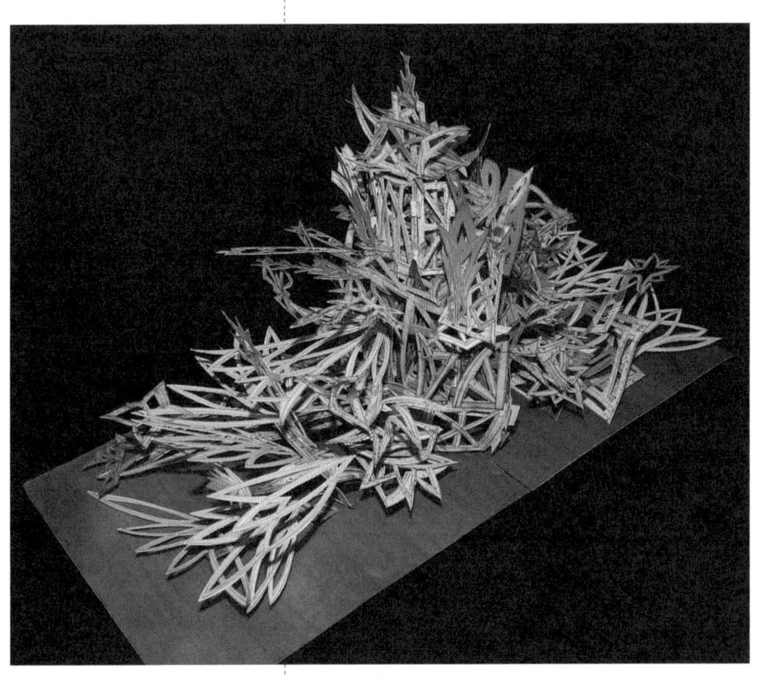

⑤

①

①《坏招》，七色丝印立体书，法国 ICINORI 插图工作室，马乌米·奥特罗配图，拉斐尔·乌尔威勒设计，2011 年

第三章

纸艺工程师

①

①②③④《年度报告》制作过程，
安德鲁·巴伦，2010 年

②

③

安德鲁·巴伦

(Andrew Baron)

美国

什么是纸艺工程师?

简单而言，纸艺工程师就是把“流行艺术”应用到立体书当中的人。

和传统书籍不同，立体书由于有百叶窗、拉杆和轮子，和读者之间会有互动，因此能让读者展开想象，延长游戏和学习的时间。书中包含隐藏的图画和信息，情节展现方式多样、巧妙。

但大部分人都不知道，书中每一处微小的结构和折叠设计都是由纸艺工程师来完成的。他们先要看插画师的草图，然后构思作品的运动机制，最后选择最有意思和最适合的方式。有时，插画师会自己设计出零件的运作方式，有时是纸艺工程师来做决定。但一般而言，纸艺工程师和插画师的想法是紧密相连的……

从艺术家最初的画稿到完全能运转的彩色模型，大部分的立体书需要几个月甚至一年的时间才能完成。到最后一步时，艺术家要整理一套完整的信息发给纸艺工程师，包括作品名称、裁剪线条位置和相关指令等。纸艺工程师会在印刷前认真研究这些信息，同时准备裁剪的工具和纸质小零件。

世界上的纸艺工程师很少，只有几位能独立制作立体书。虽然人们能用机器印刷和裁剪零件，但要把结构复杂的书组装起来还是要依靠手工技术。因此，必须要培养一支纸艺工程师队伍，来确保立体书的批量生产。

——摘自安德鲁·巴伦 2011 年 8 月的访谈录

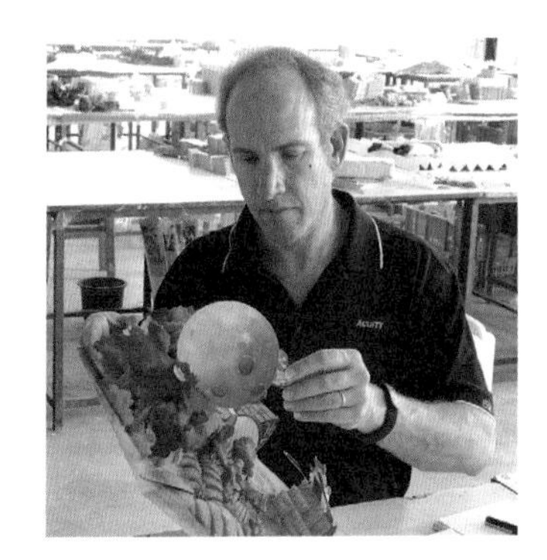

⑤

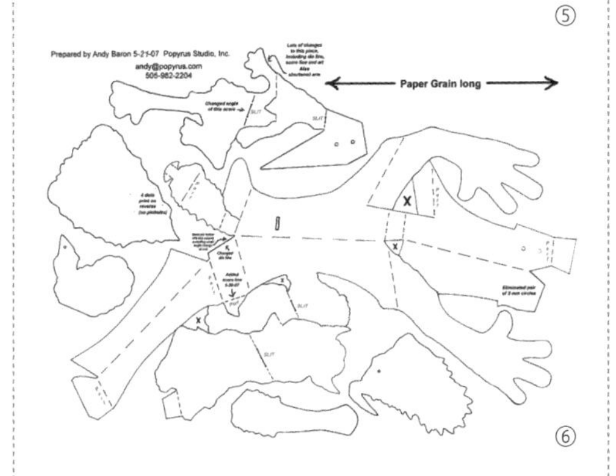

⑥

④

⑤ *Scion XD*，安德鲁·巴伦为丰田公司设计的广告册，2007 年

⑥ *Scion XD* 广告册制作草图

大卫・卡特

美国

我的创作方向是插画，也会制作木制品和铁制品。我认为，一件好的作品需要作者和插画师的配合，而立体书创作需要艺术和纸质工艺的配合。如果插画与文字或工艺不吻合，即使它本身很好，也不行。在和吉姆一起创作《立体书元素》时，我们俩各自精简设计元素，将极简主义作为基本创作基调。但成书以后，我又希望能将这个作品修改得更复杂些。

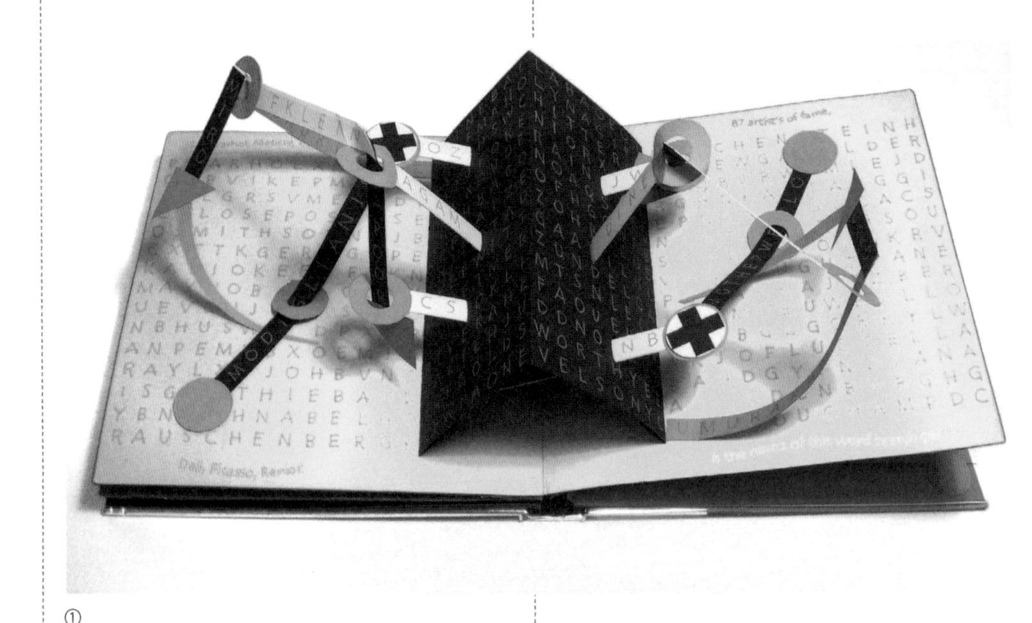

①

于是，我把当初去掉的那些零部件重新拿出来做实验。经过七年的时间，我制作完成了《一个红点》。这部作品让我的创作有了一个大的飞跃。那一刻，我意识到自己是一位实验型艺术家，需要不断创作新的作品。

“色彩”系列作品完工后，我再次投身于插画设计领域。那段时间，我得到了设计非图书类作品的机会。我为酷玩乐队的专辑《生命万岁》设计了一个立体 CD 盒子，但没有被百代唱片公司选用。之后，我又为他们还未出的专辑《阿拉贝斯克》设计了另一款立体盒子，它后来成了我创作立体书《捉迷藏》的灵感来源。

②

①②《捉迷藏》

③

在这部作品中，我加入了亚历山大·考尔德的抽象画，同时也保留了自己的创作风格。《捉迷藏》面向孩子。希望书中的动态纸雕和藏起来的上百个小机关能带给大家快乐，让大家燃起触摸艺术的渴望。

——摘自大卫·卡特 2011 年 7 月的访谈录

④

③ 大卫·卡特工作室一角

④ 大卫展示自己的作品《600 个黑点》，小西蒙出版社，2007 年

The King and Queen of Hearts were seated on their throne with a great crowd assembled around them. The Knave was standing before them in chains, and near the King was the White Rabbit, with a trumpet in one hand and a scroll in the other. In the middle of the court was a table with a large dish of tarts upon it. It made Alice quite hungry to look at them—"I

①

②

①②《爱丽丝梦游仙境》，刘易斯·卡洛尔著，罗伯特·萨布达设计，小西蒙出版社，2003 年

罗伯特·萨布达

美国

如果让我给一位想成为纸艺工程师的年轻艺术家提建议，我会建议他多去折纸！失败不重要，只要有所收获。

如果您问我哪种技术在立体书的应用里更重要，我会回答是电子技术。越来越多的书可以亮灯或发出声响。只要这些技术能不断优化书籍，就是好的。虽然有些人认为，立体书需要与新科技保持一定距离才能取得成功，比如：即使不给书插电，它也能蹦出让人感到惊喜的东西。

在我很小的时候，我就总被奇特的书所吸引。我喜欢惊喜，而立体书常常能给我惊喜。我爱阅读，喜欢接触实体书，我也喜欢翻书的感觉，听纸张划过指尖的声音。所以说，我成为纸艺工程师这件事并不意外。设计立体书时，我从来不会绘制平面草图，而是直接剪裁，然后用纸折叠出立体形状。我认为这种方式纯粹而真实。

——摘自罗伯特·萨布达 2011 年 9 月的访谈录

查克·费舍尔

美国

和大多数立体书不同，我的作品主要面向成人。

一本书的制作从获得出版社的许可到出版要历时 18 个月。我花费大量时间去调查和实地拜访有历史遗迹的地方。我的第一本书《伟大的美式住宅和花园》中的所有房子和花园我都一一去过。实地拜访能让我得到第一手信息，比如丰富的建筑照片和设计理念。

由于我自己并不是纸艺工程师，所以我同其他大多数立体书作家一样不参与书的制作，而是与纸艺工程师合作。最后的成果取决于纸艺工程师的才华和他们对我的草图的解读。

很荣幸，我和当今两位伟大的纸艺工程师都有过合作，大卫·霍科克和布鲁斯·福斯特。布鲁斯·福斯特和我开创了一种高效的共事方法，这种方法还应邀被录制成一个教育类视频在华盛顿史密森学会的“纸艺设计”展览上播放。

设计立体书的过程很有意义。虽然从目前来看，电子书好像占了主流，但我认为，有创意的立体书将一直拥有它的一席之地，它寓教于乐。

——摘自查克·费舍尔 2011 年 8 月的访谈录

①

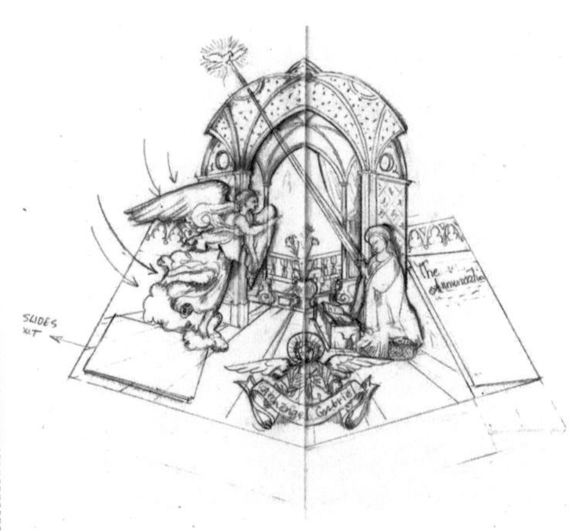

②

③

①《纽约圣诞节》，查克·费舍尔，布芬奇出版社，2005 年
②《天使》设计草图
③《天使》，描绘了大天使加百列，查克·费舍尔，利特尔 & 布朗出版社，1975 年

基斯·莫尔贝克

荷兰

立体书生产效率低，不实用，内页也不牢固，不能经常随意翻动。但矛盾的是，这类书大都面向孩子，面对他们一双双激动的小手，立体书确实很难长寿。

这个问题经常让纸艺工程师感到困扰：一本过于简单的立体书不够有趣，但如果太过复杂又很容易损坏。还有别忘了，因为耗费工时较长，这类书的成本一般都很高（这一点也解释了为什么立体书比其他书要贵）。我尝试采取折中策略。不是借助壮观的立体图景吸引读者，而是用特别的设计激发读者的好奇心。

在我的作品《不倒翁》中，开合盒子的过程比立体书的外表更重要。在《谁在追谁》里，我用了双面立体书设计，读者为了欣赏它的每一面不得不翻转书。在这两部作品里，我安插了不合逻辑的阅读规则。一旦自成体系，实用性和效率问题便变得无关紧要，因为它已经形成了自己的评价标准。

纸艺工程师要做的是制定规则，手把手地引导和鼓励读者走入立体书的世界。

——摘自基斯·莫尔贝克 2011 年 9 月的访谈录

④

⑤

④《谁在追谁》，基斯·莫尔贝克和卡拉

⑤《恐怖的剪贴簿》，基斯·莫尔贝克，小西蒙出版社，2000 年

布鲁斯·福斯特
(Bruce Foster)

美国

作为一名纸艺工程师，我常和插画师搭档，插画师可以协助我丰富创作主题，拓宽读者群范围，让我尝试新的作品类型。我为儿童设计的立体书有《小红帽》《奇异龙普夫》，为成年人设计的有《名人的崩溃》，建筑类的有《建筑奇迹》《灯塔》，电影类的有《迪士尼魔法》《哈利·波特》，运动类的有《哇哦！少儿体育插图立体书》……

多元的创作能让我保持好奇心，每一本书出来都会带给我新的惊喜，同时，我也通过每一次创作找到了解决问题的新方案。工作中最特别也最值得珍惜的是和自己仰慕的人合作：纽约现代艺术博物馆邀请我把伊丽莎白·默里[1]的雕塑画制作成立体书；迪士尼让我和凯文·利马合作电影《从前》。

一名好的纸艺工程师需要经过很多年的实践，才能掌握不同的工艺，并将它们灵活运用到创作中去。

对于想成为纸艺工程师的人，我的建议是先学习别人已经出版的作品，模仿他们的设计。但这一步一旦完成，就必须创作自己的作品，要毫不犹豫地去打破固化结构。很多人都认为，立体书创作就像做纸雕，但其实两者并不完全相同。立体书需要你像导演一样去思考，要考虑整个场景设计，还要用简明的方式讲故事，通过零件的移动让情节顺利发展。当然，不是所有立体书都能达到这个目标。但无论如何，我还是会努力在每一本立体书中添加一个新花样，让它显得更加独特，让看到它的人甚至包括我自己，都为之感到惊喜。

——摘自布鲁斯·福斯特 2011 年 7 月的访谈录

①《哈利·波特》，布鲁斯·福斯特、安德鲁·威廉森、露西·基，纽约，Insight 出版社，2010 年

1 全美最重要的后现代主义抽象艺术家之一。——译注

②

③

②《哇哦！少儿体育插图立体书》，少儿体育插图出版社，2009 年

③《建筑奇迹》，布鲁斯·福斯特，丹·布朗配图，凯瑟琳·墨菲·科兰文、卡西·弗雷设计，桑德贝出版社，2007 年

①

②

①《和史密斯夫人的一天》，纸艺设计、配图、装订都由克里斯汀·苏尔完成，2010 年

②《四间房》，克劳斯·卡尔森的圆盘式作品，克里斯汀·苏尔设计和配图，保罗·休乌构思图形，2005 年

③

克里斯汀·苏尔
(Kristine Suhr)

丹麦

对纸艺作品的热爱促使我去探索立体书和纸艺立体建筑。

1987 年，我在伦敦考文特花园的活动木偶博物馆看到了一些纸艺作品，让我印象深刻。

20 世纪 90 年代，我进入哥本哈根音乐学院纸艺修复系学习。我成了一名十足的纸艺设计和装订爱好者。1995 年，当我要为博士论文选择一个主题时，老师建议我研究立体书——简直是我的理想选题！

一个崭新的世界向我打开了，我全身心地投入到立体书的制作之中。我对此非常着迷，以至于对纸艺修复完全失去了兴趣。

立体书和纸艺立体建筑吸引我的地方在于：人们只需要用一点纸板和足够的耐心就可以将其完成，不需要很大的空间，也不需要投入很多金钱。

如今，我在着手制作立体木版画和立体书。制作立体木版画时，我要根据木头的密度和厚度调整制作工艺，有时也会加入齿轮系统；而制作立体书时，我会更多地关注静态建筑。

立体书就像一个三四幕的动画片，只需用几幅图和一根拉杆就能讲述一个完整的故事。但如果移动的零件太多，作品就会像一部出了故障的电影，无休止地重复播放。

我的作品有点像填字游戏或字谜，答案在最后一刻才揭晓，幸运的话，还会逗乐读者和我自己。

——摘自克里斯汀·苏尔 2011 年 7 月的访谈录

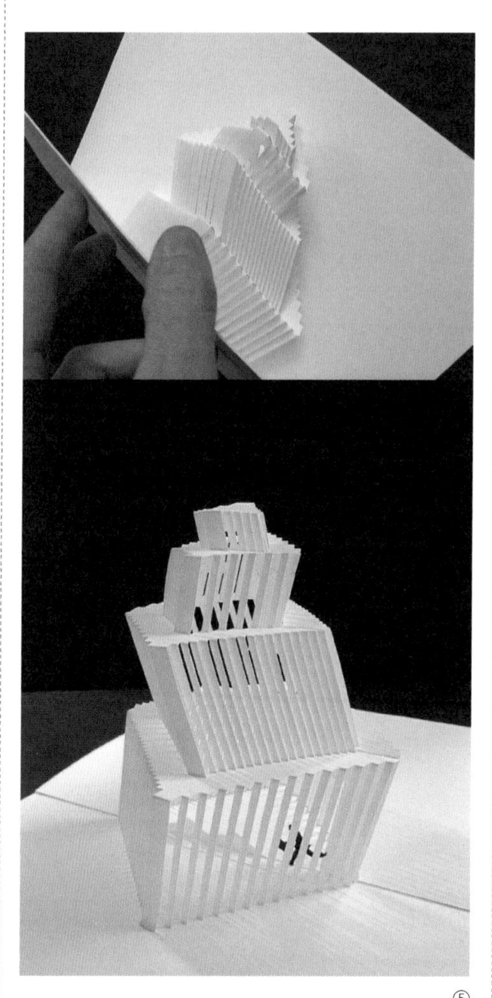

⑤

⑥

④

③④《立体剧场书》，克里斯汀·苏尔，彼得·劳特罗普配图，1999 年

⑤《塔》，立体卡片，克里斯汀·苏尔

⑥《枪》，克里斯汀·苏尔

雷·马歇尔

(Ray Marshall)

美国

《另一只驯鹿奥利弗》对我来说意义重大，因为它是我停止创作 20 年后出版的第一本著作。在这本书出版 10 周年之际，出版社让我制作了一本立体书《圣诞老人的城堡》。这项任务让我很兴奋，它是我设计过的最难的立体作品，因为我要把圣诞老人的树、礼物袋子等东西井然有序地安排在一起。另一部让我引以为豪的作品是《流亡的海盗》，故事是我自己写的。我认为这个作品的成功之处在于对纸张的高效使用。书中有些立体设计是我原来从未尝试过的。《纸花》受到读者的欢迎真让我吃惊！一方面是因为这本书的设计相对简单，另一方面是因为在书中我没有完整地讲述一个故事。制作过程中，我遇到了两个难题：一是要根据不同的位置，选择设计什么样的花；二是要把握好比例，让花在装置作用下顺利开合。这本书让我走上了一条更加艺术化的道路。

——摘自雷·马歇尔 2011 年 9 月的访谈录

①

②

①《梦中的雪花日历》，埃里克·卡尔制作的基督降临节日历，编年史出版社，2008 年，白色模型和成品

②《流亡的海盗》，雷·马歇尔，威尔逊·斯温配图，编年史出版社，2008 年

③

③《流亡的海盗》白色模型

①

蒂娜·克劳斯

(Tina Kraus)

德国

我从小在书海中长大，对立体书一直很着迷。15 岁时我就开始自己制作立体书了。

刚开始，我会参考工具书来学习基本的设计手法，但更多时候我是通过手头的活儿来探索学习。我就读于明斯特应用科技大学设计系，学习期间，我制作了第一本立体书《A 代表猴子，B 代表酒吧》。准备毕业作品的时候，我希望再设计一本更加精彩的立体书，于是将马戏团作为主题，因为这个主题已经在我脑海中萦绕很久了。

②

做之前，我先构思故事。最初，我会在纸上画出草图，然后用硬纸板做一个简单的模型。之后，我会不断地修改模型，有时候要修改 15 次。接着，我会在 Illustrator 软件上画出立体书的各个部分，再不断添加一些细节。《吉卜赛人的马戏团》就是这样诞生的。

每一次改动样式，我都会重做模型，确认每一步的操作是否正常。之后，我才开始根据矢量图进行插画设计。最后，我需要确认最终的模型以及整个装置的运转情况。

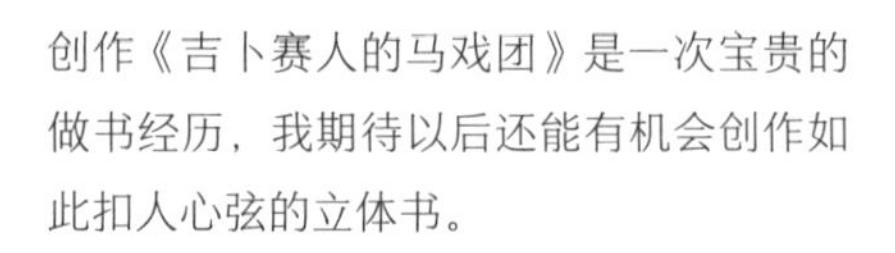

创作《吉卜赛人的马戏团》是一次宝贵的做书经历，我期待以后还能有机会创作如此扣人心弦的立体书。

——摘自蒂娜·克劳斯 2011 年 9 月的访谈录

③

④

①②③④《吉卜赛人的马戏团》，蒂娜·克劳斯，2010 年。这本立体书展现的马戏团昏暗而神秘，既不闪耀也不现代

①

埃里克·辛格林
（Éric Singelin）

法国

我在少年时代没有接触过立体书，所以我不是因为怀旧而喜欢它。高中时，我对图像艺术感兴趣，对空间艺术没有什么概念。但慢慢地，我开始欣赏起文本和图画在三维空间里的变化。从那时起，我发现了另一种展示世界的方式，于是一下子在立体书中找到了共鸣。除了纸艺，我对嘻哈舞蹈也很感兴趣，特别是机械舞。机械舞“popping”中的“pop”指的是肌肉跟着音乐有规律地收缩，并且神奇地移动。在立体书中，也存在这样让人感到惊奇的魔术效果。

——摘自埃里克·辛格林 2011 年 9 月的访谈录

②

①②《食肉动物》和《兰花》，埃里克·辛格林，2009 年

③

③《野蛮人入侵》，埃里克·辛格林，法国艺术协会，2010 年

④

瓦勒里·克鲁佐雷

(Valérie Keruzoré)

法国

我从小就喜欢立体卡片。七八岁时，我收到了一盒瑞士巧克力，盒子上藏着一幅立体画，我被深深地吸引了。如今，当我看到立体书时，心情依然非常激动，并且感到幸福。我创作的立体模型有香波城堡、圣米歇尔山、凡尔赛宫、船、马戏团、巴黎歌剧院……我的作品《巴黎的小商店》由MH出版社出版。

——摘自瓦勒里·克鲁佐雷2011年7月的访谈录

⑤

⑥

⑦

⑧

凯尔·奥尔蒙

(Kyle Olmon)

美国

我和立体书同呼吸共命运。一切都开始于孩童时期，我喜欢撕开立体书，探寻它们的奥妙，然后再将它们修补好。

如今，我尝试重新创造那种惊喜和魔幻的感觉。为了能和一些优秀的纸艺工程师合作，我走遍了全国各地，他们教给我很多东西。同时，我还研究了许多艺术家作品中的奇妙工艺，我发现很多人都喜欢这种书。有谁不怀念自己童年时看过的立体书呢？它们为小读者们打开了一个新世界——就像曾为我打开的那个世界一样。那儿有英雄和坏人，有智者和小丑，有痛苦也有欢乐，也有人们绝不知道的下一页即将发生的戏剧化情节。

——摘自凯尔·奥尔蒙2011年7月的访谈录

④《巴黎的小商店》，卡片集，五张卡片分别为咖啡店、花店、巧克力店、饭店、面包店，巴黎MH出版社

⑤⑥⑦《城堡》，罗伯特·萨布达和马修·莱因哈特作品，凯尔·奥尔蒙纸艺设计，特蕾西·萨宾插图，果园书出版社，2006年

⑧《凯旋门》，凯尔·奥尔蒙

彼得·达门

（Peter Dahmen）

德国

20 世纪 90 年代，我在学习设计的时候开始制作立体纸雕，之后我完全着迷了。我个人偏爱抽象形状，虽然我的作品外形看起来像植物或是建筑物。我设计的初衷并不是描绘现实。我大部分的作品都是用白纸板做的，强调形状和动态，不加入色彩。而作品的最初模型，我一般是全手工制成。

只有检查好模型的每一个细节，我才会开始用 Adobe Illustrator 软件绘图。不久前，我用上了剪裁绘图仪，用来剪一些细小的零件。我之前从未设计过球形的立体模型，我花了好多天才把零件一个个裁剪好，粘贴在 350 个点上。

——摘自彼得·达门 2011 年 7 月的访谈录

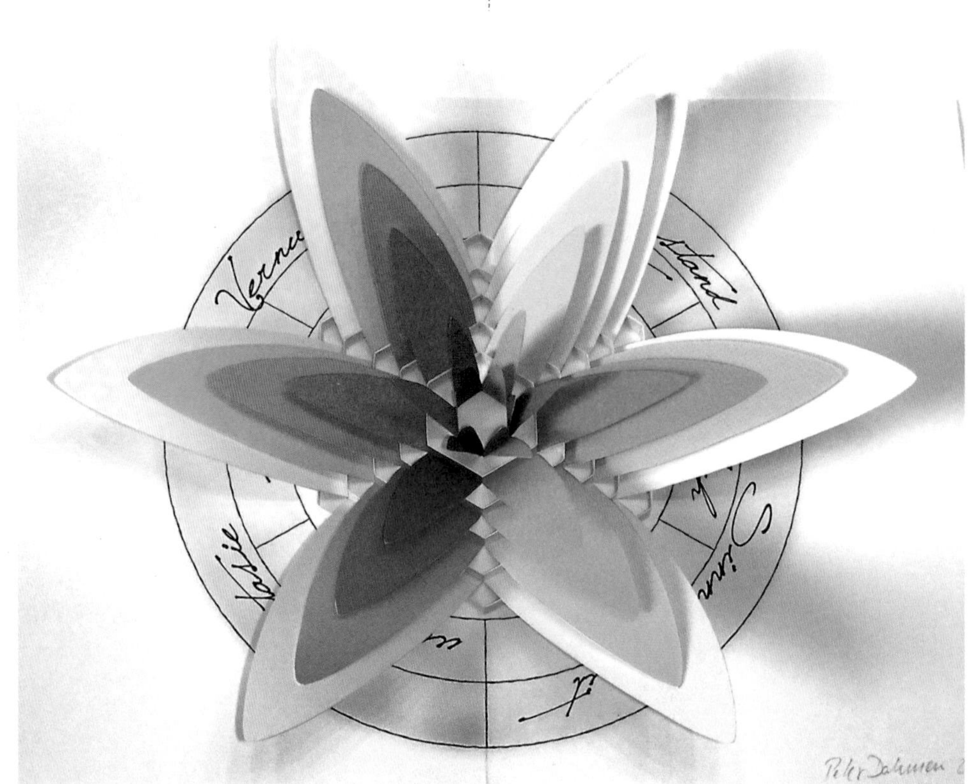

①

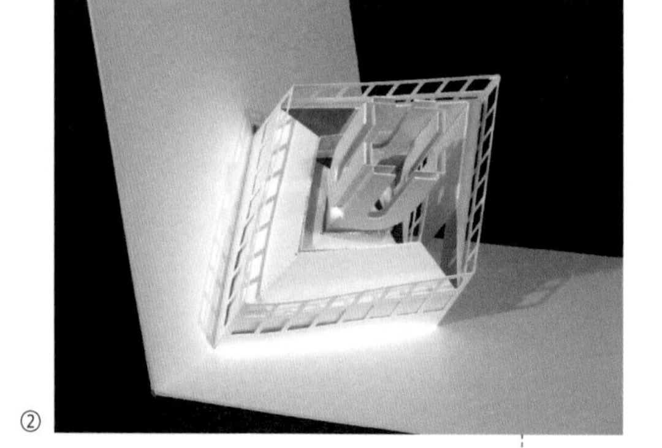

②

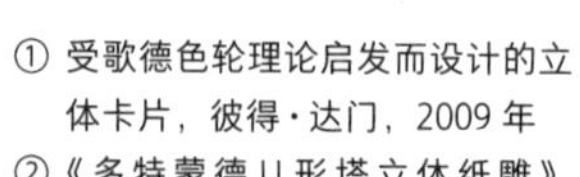

① 受歌德色轮理论启发而设计的立体卡片，彼得·达门，2009 年

②《多特蒙德 U 形塔立体纸雕》，彼得·达门，2010 年。多特蒙德是一家老啤酒厂，如今被改造成艺术中心

马西莫·米西罗利

（Massimo Missiroli）

意大利

我从1978年开始接触立体书，很快就成为收藏者。很多年以后，也就是1991年，幼儿园的几位教师希望我能开设一些工作坊，教孩子制作立体卡片。从那时起，我意识到自己不能局限于欣赏立体书的美，还要学会自己设计作品，理解它们是如何被制作出来的。经过几个月的学习，工作坊开办了。在举办其中一场活动时，我突然想创作一本立体书。

我不是插画师，只是一名纸艺技工，所以我的所有作品都是由别人来配图的。我做的第一个作品展现了但丁笔下的地狱，由多雷配图。1997年，我出版了第一部由理查德·斯卡里配图的立体书，至今为止，我总共出版了16部作品。我喜欢和用色柔和的插画师合作，因为我觉得立体书面向的群体主要是3～6岁的孩子。

——摘自马西莫·米西罗利2011年9月的访谈录

③

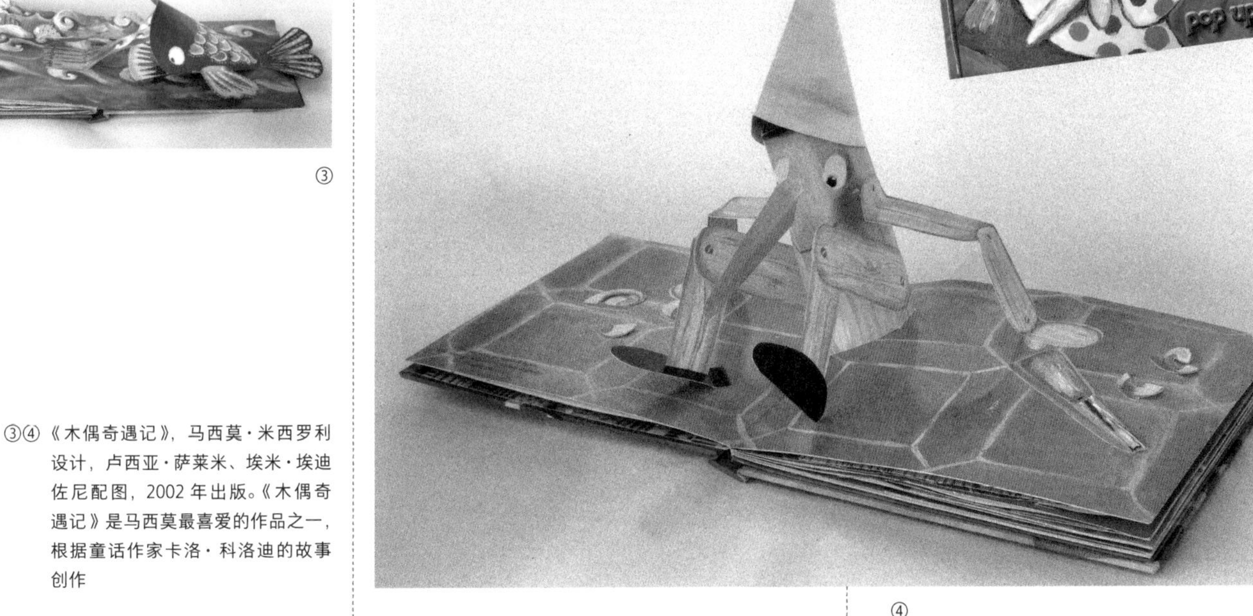

④

③④《木偶奇遇记》，马西莫·米西罗利设计，卢西亚·萨莱米、埃米·埃迪佐尼配图，2002年出版。《木偶奇遇记》是马西莫最喜爱的作品之一，根据童话作家卡洛·科洛迪的故事创作

①《我向您描述凡尔赛》，玛丽·塞利耶、文森特·杜特、奥利维耶·沙博内尔，卡斯特曼出版社，2009 年

②《圣诞老人的工厂》，奥利维耶·沙博内尔设计，大卫·莫斯汀配图，罗恩·范德梅尔出版社，2000 年

奥利维耶·沙博内尔
(Olivier Charbonnel)

法国

纸艺工程师是专业做手工的人。虽然我全身心地投入到这份工作中，但我还是觉得它有点无聊。我很看重喜欢我作品的人的看法。

立体书的精髓在于调度动作、空间和时间。读者打开绘本，立体造型就开始一个个呈现了。立体书是永恒的，即使是很久以前读过的作品也会在我们脑海里留下深刻的记忆。从事这样一个少见的职业能让我有机会环游世界，纸的语言是没有国界的。

——摘自奥利维耶·沙博内尔 2011 年 9 月的访谈录

③

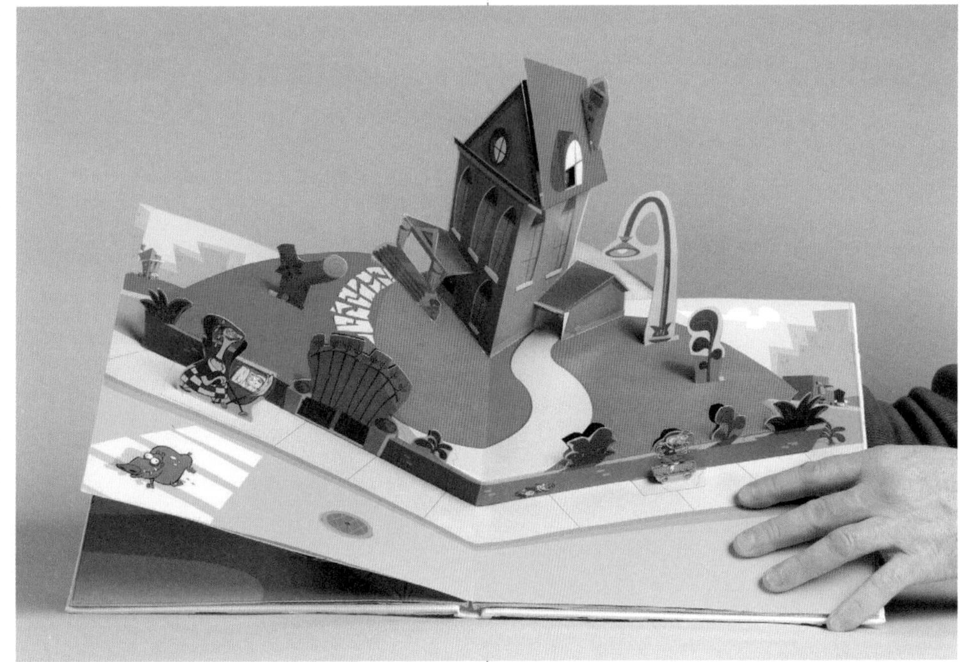

④

③《不要那么做!》，奥利维耶·沙博内尔，infinity plus one 出版社，1999 年

④《天外来客》，奥利维耶·沙博内尔根据电视连续剧设计的作品，2006 年

菲利普·于什

法国

我是立体书的狂热爱好者，也是一个疯狂的画家！

电脑绘图软件可以帮助我“预览”立体书的所有零件，拓展空间思维。但我还是希望让手绘图与三维模型共存，像传统艺术家沃伊捷赫·库巴什塔那样。总之，不管是传统平面绘图还是三维模型图，重要的是能创造出自己独特的语言系统。绘画和空间如何完美结合是立体书所面临的主要问题。

插画师和纸艺工程师的重要程度不相上下，有时候插画师占主导，有时候纸艺工程师占主导。作为立体书领域特立独行的人，我设计了一些大型立体书，它们一反常规，不受传统出版要求的限制。我在每一次创作中都会解决一些新难题。

——摘自菲利普·于什 2011 年 8 月的访谈录

①

①《如今的建筑》，菲利普·于什，2010 年

②《诺沃波利》，菲利普·于什根据弗里茨·朗导演的电影《大都会》创作的彩色丝印立体书，2010 年

②

③《卡雷尔·卡佩克 2》，菲利普·于什，彩色丝印

③

①《乌托佩翁》，山姆·伊塔和金·戴奇

②《有时我觉得》，山姆·伊塔

山姆·伊塔

美国

很少有人以制作立体书为生，从事这一行的人很少，有关立体书的书籍也很紧缺。每一位设计者都要自创规则，而这些规则常常相互矛盾。

开始创作时，面对白纸，不管是作家还是艺术家都常常会感到恐慌。对于一名纸艺工程师而言，在没有任何提示或限制的情况下，压力和挑战很可能将他击垮。

我们应该怎么办呢？最简单的办法就是模仿前人的作品。这种方式可以让人得到满意的结果。另外，要学会运用不同材料让作品更具个性，比如纸和墨水。在折纸艺术家或木工身上，我们也可以学到很多运用材料的新方法。

——摘自山姆·伊塔 2011 年 7 月的访谈录

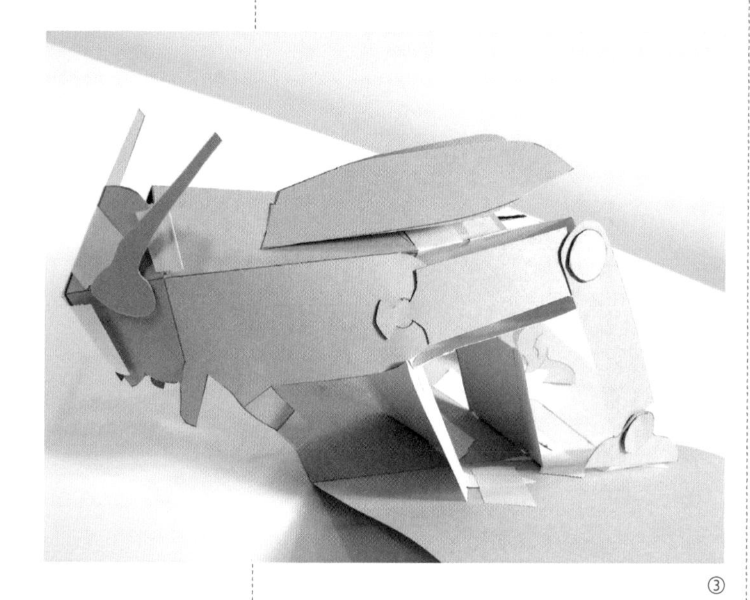

③

④

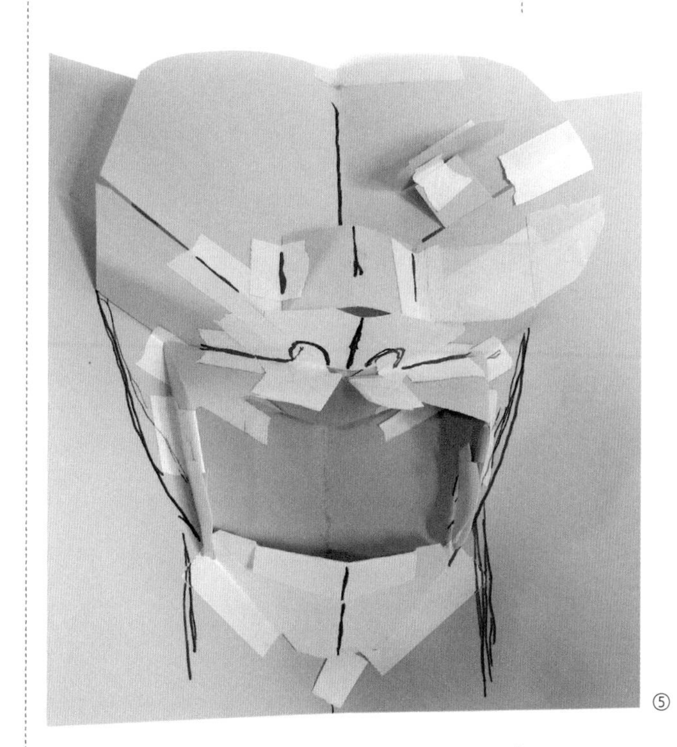

⑤

⑥

③④《虫子》，山姆·伊塔，图片分别为白色模型和成品

⑤《打哈欠》草图，山姆·伊塔

⑥ 山姆·伊塔在展示自己的作品《白鲸记》，2007 年

史蒂夫·奥加德
(Steve Augarde)

英国

与造型优美的作品相比，我大部分的纸艺创作显得有些机械化。我追求作品中的运动效果，因为想让年轻读者参与其中。我为他们设计了拉杆、可转动的轮子、能升起的百叶窗、能开关的门窗。我想说的不是“看看我能做什么”，而是“看看你们能做什么”。百叶窗可能是立体书中最简单的设计样式，它很像捉迷藏游戏，让孩子意犹未尽。我的主要设计理念是“前和后”或“因果关系”：拉这个拉杆，看看会发生什么；抬起这扇车库门，看看会有什么出来。我的作品描绘的基本都是卡车、起重机、翻斗车、挖掘机等机器。小男孩会觉得这种书很有趣。我曾经也是一个小男孩，所以我创作的都是我在他们这个年纪时会喜欢的读物。

——摘自史蒂夫·奥加德 2011 年 7 月的访谈录

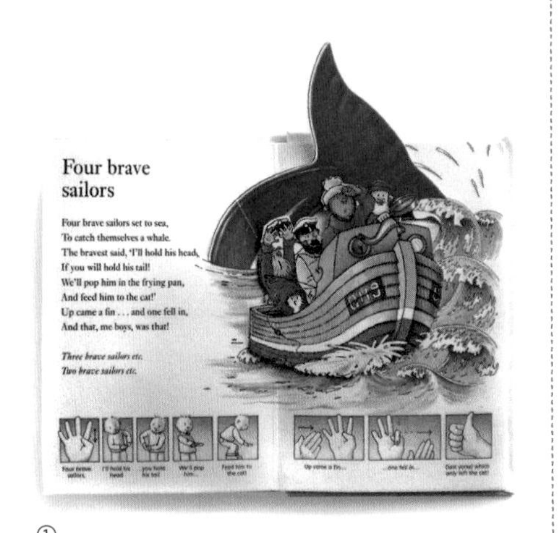

①

①《数韵律》，史蒂夫·奥加德、马修·普莱斯，1996 年

②《一辆小红车出事了》，史蒂夫·奥加德、马修·普莱斯，2000 年

③《新黄色挖掘机》，史蒂夫·奥加德，邋遢熊出版社，2003 年

②

③

珍妮·梅泽尔斯

（Jennie Maizels）

英国

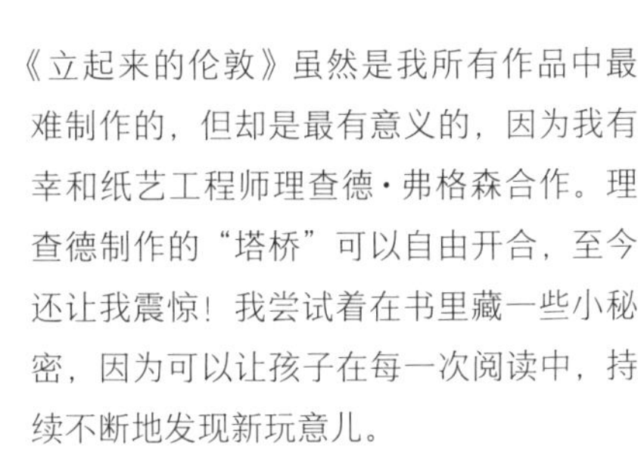

《立起来的伦敦》虽然是我所有作品中最难制作的，但却是最有意义的，因为我有幸和纸艺工程师理查德·弗格森合作。理查德制作的“塔桥”可以自由开合，至今还让我震惊！我尝试着在书里藏一些小秘密，因为可以让孩子在每一次阅读中，持续不断地发现新玩意儿。

《立起来的伦敦》充分发挥了百叶窗、拉杆和齿轮装置的作用。我尤其喜欢齿轮工艺，因为它的适用范围比较广：可以悄悄地让书中的零件动起来，还能制造出流水或者下雨的效果。

——摘自珍妮·梅泽尔斯 2011 年 7 月的访谈录

④

⑥

④⑤⑥ 选自《立起来的伦敦》，珍妮·梅泽尔斯，2011 年。图片经伦敦沃克出版社授权

⑤

马丁·格拉夫

(Martin Graf)

德国

几年前，我读了《地心游记》。现在我一边重读这本书，一边开始为黎登布洛克教授和他的侄儿阿克赛作画，画他们旅途中的景色和他们在地下遇到的怪物。凑巧的是，他们的旅行就开始于那个我住了 10 年的城市：汉堡-阿尔托纳。从那里，他们前往一个有地心入口的小岛。教授和他的侄子有时会迷路，有时会碰到可怕的怪物和骇人的火山，但他们最终还是找到了正确的路。我描绘的就是他们的旅程，从家到汉堡，再到岛上，接着到地下，最后返回家中。伴随着一个个立体场景，读者们跟着他们一起历险，一起迷路，一起寻找正确的方向。

最开始，我把这本书想象成一个迷宫，需要构建五幕场景来展现故事的五部分。大致方案出来以后，我再用墨水和画笔绘制图画细节，不断地设计、修改、制作，再修改，再制作……

因为我想用双色印刷，所以我要把书中的所有画都画上两遍，一共要画 400 幅。

另外，我还要再花好几天的时间去写搭建作品和印刷作品的说明。最后，我会用自己的老式胶印机印 500 本样书。翻阅印出来的第一本样书时是多么幸福啊！

——摘自马丁·格拉夫 2011 年 7 月的访谈录

①

②

③

①《乔万尼·薄伽丘的十日谈》，马丁·格拉夫，8 × 8 出版社

②③ 马丁·格拉夫和立体书《地心游记》，8 × 8 出版社

④

④《马可·波罗》，有三幕场景的小开本立体书，8×8 出版社

①

①《睡美人》，路易丝·罗，探戈出版社，2011 年

路易丝·罗

英国

我想用书呈现立体的故事，我把纸当成剧场，而我就是导演。

我在准备毕业作品时想到了《小红帽》。当时市面上有一本双层纸结构的成人版《小红帽》，而我想做的是儿童版。我做了一套系列丛书，《小红帽》是这个系列的第一本，另外还有《汉斯和格蕾》与《睡美人》。

我先选好故事，接着开始为我觉得最有趣的场景配图。然后，我会扫描所有的绘图，再用电脑制作封面。接下来，我会绘制立体书的初稿，确认纸质零件的位置，再用 Adobe Illustrator 软件绘制细节。之后，我将图画印在白纸板上，手工裁剪，组装成模型。等模型做好后，我会测试零件是否能顺利运转，再用 Photoshop 软件确定最后的插图。全部做完后，我再将这些东西一一交给编辑。

——摘自路易丝·罗 2011 年 9 月的访谈录

②

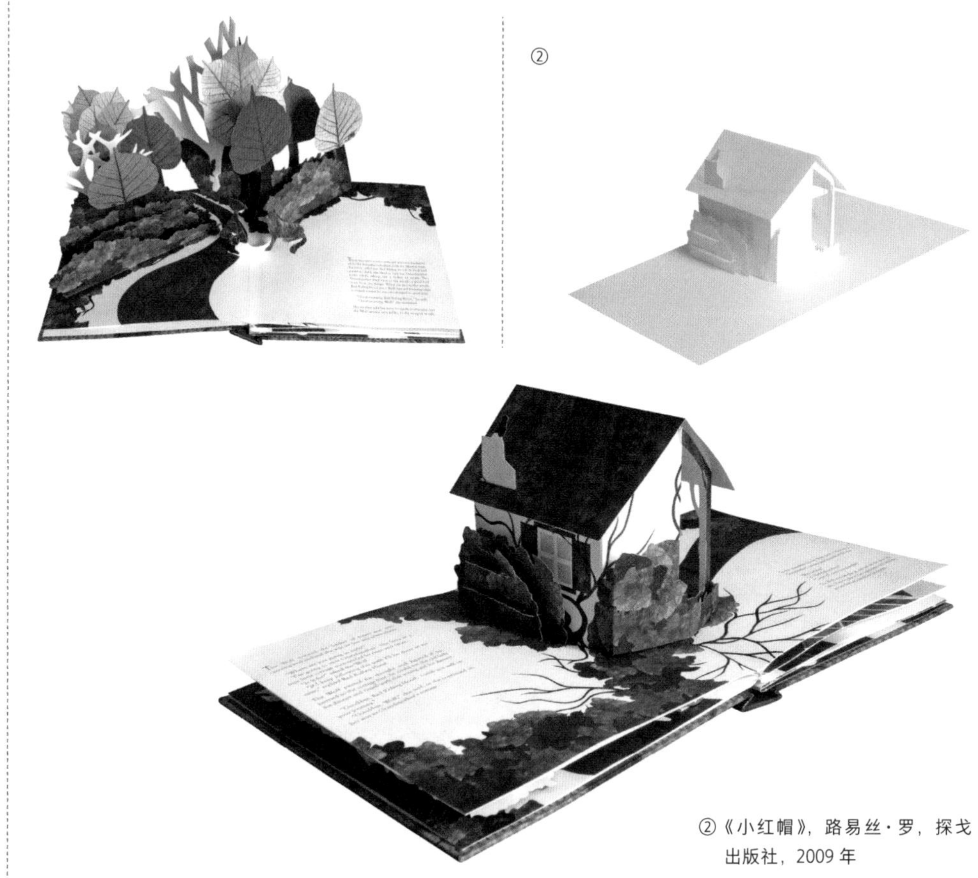

②《小红帽》，路易丝·罗，探戈出版社，2009 年

玛蒂尔德·阿诺

(Mathilde Arnaud)

法国

从 2005 年刚开始学习立体工艺时起，我就对它产生了兴趣。我在书中使用立体工艺已经很长时间了。如今我想突破传统书籍的范畴，将这种工艺运用到舞台、家居等各个领域。

《我们在这儿什么都看不到》对图画的感性体验提出了疑问。读者第一眼什么都看不到，必须要深入研究图画之后才能明白它想呈现的东西。因为印刷方式比较特别，我配上了与众不同的图画。另一个系列《城市梦境》是和插画师克洛伊·杜蒙多合作完成的。在剪纸和插图构成的梦想城市里，读者踏上了一次诗意之旅。

之后不久，我又对声音等感官体验产生了兴趣。我创办了一家“纸张的声音”图书馆，让读者闭上眼睛听书中的声音：卡住的声音、摩擦声、抚摸声、抓挠声……

阅读由此变成了一次心灵散步，我们的想象随着唤醒的器官，在书中“写着”自己的故事。

——摘自玛蒂尔德·阿诺 2011 年 9 月的访谈录

①

②

③

①②③《城市梦境》，玛蒂尔德·阿诺，
克洛伊·杜蒙多配图

埃尔莎·姆罗杰维奇

(Elsa Mroziewicz)

法国

《戛纳 08、09》再现了我在戛纳滨海大道卖画一个月以来，来往行人的真实场景。书中共有 10 个人的故事，折页中描绘了让我印象最深刻的几个场景。书翻开时，街道的布局会发生变化。人们可以按照从左到右的顺序阅读，还可以将所有折页展开，得到一幅街道鸟瞰地图，感受滨海大道两侧的热闹景象，看画中人互相交谈：有卖帽子的小摊贩、保加利亚的雕刻家、秘鲁的音乐家……

—— 摘自埃尔莎·姆罗杰维奇 2011 年 9 月的访谈录

①

②

①②《戛纳 08、09》，丝印立体书，埃尔莎·姆罗杰维奇，2010 年

③

④

③④《森林着火的那天》，安德烈·加西亚·皮门塔，2010 年

安德烈·加西亚·皮门塔

(André Garcia Pimenta)

葡萄牙

安德烈·加西亚·皮门塔是一位年轻的葡萄牙艺术家。他现在正在里斯本技术大学建筑系学习设计。这位雕刻家兼设计师已经参加过很多展览和文化活动，如今对纸艺设计和插图越来越感兴趣。他将图形设计空间和雕塑联系在一起。

2009 年，安德烈·加西亚·皮门塔开展了一个立体书教学项目——纸张工作坊。同时，为了将立体书工艺传播开来，他在各大图书馆和书店都举办了立体书工作坊和展览。2010 年，他完成了自己的第一本立体书《森林着火的那天》。

——摘自安德烈·加西亚·皮门塔 2011 年 8 月的访谈录

①

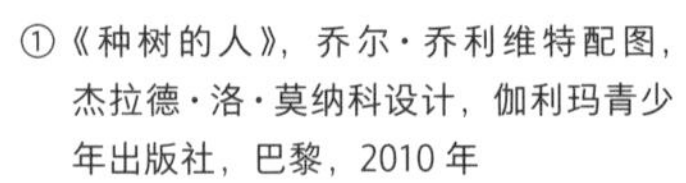

①《种树的人》，乔尔·乔利维特配图，杰拉德·洛·莫纳科设计，伽利玛青少年出版社，巴黎，2010 年

②③《动物狂欢节》，伊丽丝·德·韦里古，巴黎艾略姆出版社，2011 年

②

③

联合工作室，杰拉德·洛·莫纳科

(Gérard Lo Monaco)

法国

全身心投入立体书的创作就像在制作电影一样，两者都是在有限的空间内设计舞台背景。联合工作室是为做立体书而专门成立的，我们做的第一个作品是旋转木马式立体书，还配了歌手雷诺的唱片套盒。这部作品标志着我们和插画师若埃乐·乔利维合作的开始。之后，我们一起设计了《白鲸记》。这本书囊括了梅尔维尔作品里的 10 幅画，借助纸质拉杆，书中的立体场景营造出了纵深效果。

之后，我们还接了伽利玛青少年出版社的《小王子》项目，利用立体书工艺让故事更加逼真。我们和动画设计师贝尔纳·迪西一起，为书中每一幅插图都设计了不同的立体工艺。我后来还为艾略姆出版社创作了《神奇马戏团》。

可惜的是，在欧洲还没有条件大批量制作这样的立体书。中国是目前唯一可以大批量印刷、手工组装、加工和装订这类书的国家。

——摘自杰拉德·洛·莫纳科 2011 年 10 月的访谈录

⑤

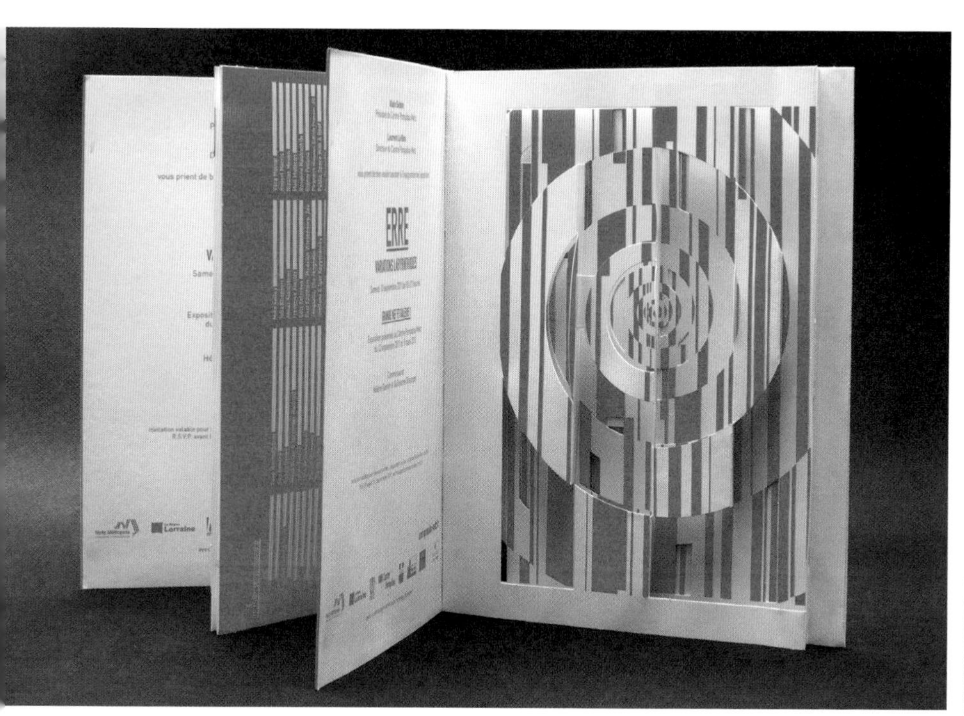

⑥

④《神奇马戏团》，旋转木马式立体书，杰拉德·洛·莫纳科，巴黎艾略姆出版社，2010 年

⑤《明天》，杰拉德·洛·莫纳科设计，玛丽·苏尔配图

⑥ 为梅兹市蓬皮杜中心设计的立体邀请卡片，杰拉德·洛·莫纳科、玛丽·苏尔、贝尔纳·迪西

贝尔纳·迪西

（Bernard Duisit）

法国

大约在15年前，我开始创作立体书，我会边做边想象成书的样子。读者在阅读立体书时会创造它的四维空间，赋予它新的生命。

立体书里的插图很神奇，它通过立体工艺将读者和作品连接了起来。我合作过一些插画师。我喜欢多种多样的合作方式。一本立体书从设计、绘图、制作，到编辑出版，它的成功需要很多人的努力。我这里介绍的大部分作品都是和工作室的人一起设计的。为了完美展现最后的视觉效果，设计过程常常都伴随着漫长的研究工作：画草图、做实验、选择纸张等。

——摘自贝尔纳·迪西2012年1月的访谈录

①

②

③

①《10只小企鹅》，让-卢克·弗曼塔尔和乔勒·乔利维特，艾略姆出版社，2011年
② 改编自圣埃克苏佩里的《小王子》，伽利玛青少年出版社，2009年
③《活在反乌托邦》，罗森布拉姆协会，现代艺术展览名录，2011年

阿努克·博伊斯罗伯特和路易·里戈

法国

开始创作时，要先找到一个好点子。这个点子可以让文字和图画很好地融为一体。

使用立体书工艺是想让技术同作者讲述的故事一样有意义。我们寻求的不是技术上的突破，而是探索使用书籍的新方式。我们喜欢在纸和装订方式的条条框框下创作，在实体书中获得快乐。

立体书打破了书籍的界限，创造了新形式。它可以和读者产生互动，使读者一会儿变成观众，一会儿又变成书中的人物。《立体城市》在打开书时会自动展开，而《懒汉的森林》需要读者拉动拉杆才能展开。

开始制作立体书前，我们要着手做一些简单的事情，比如选择颜色、配图、工艺，然后才开始搭建立体书的架构。

——摘自阿努克·博伊斯罗伯特和路易·里戈2011年7月的访谈录

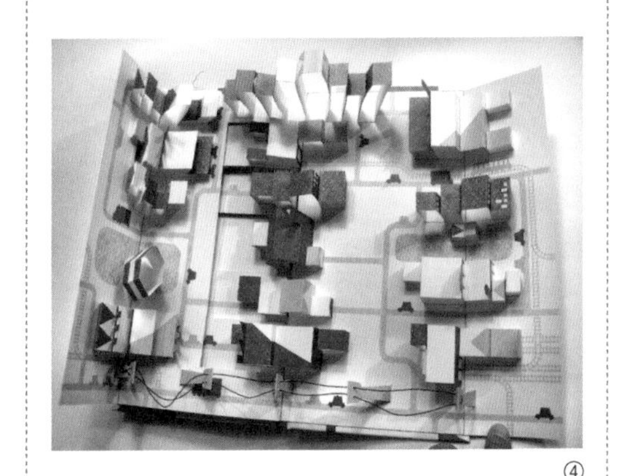

④

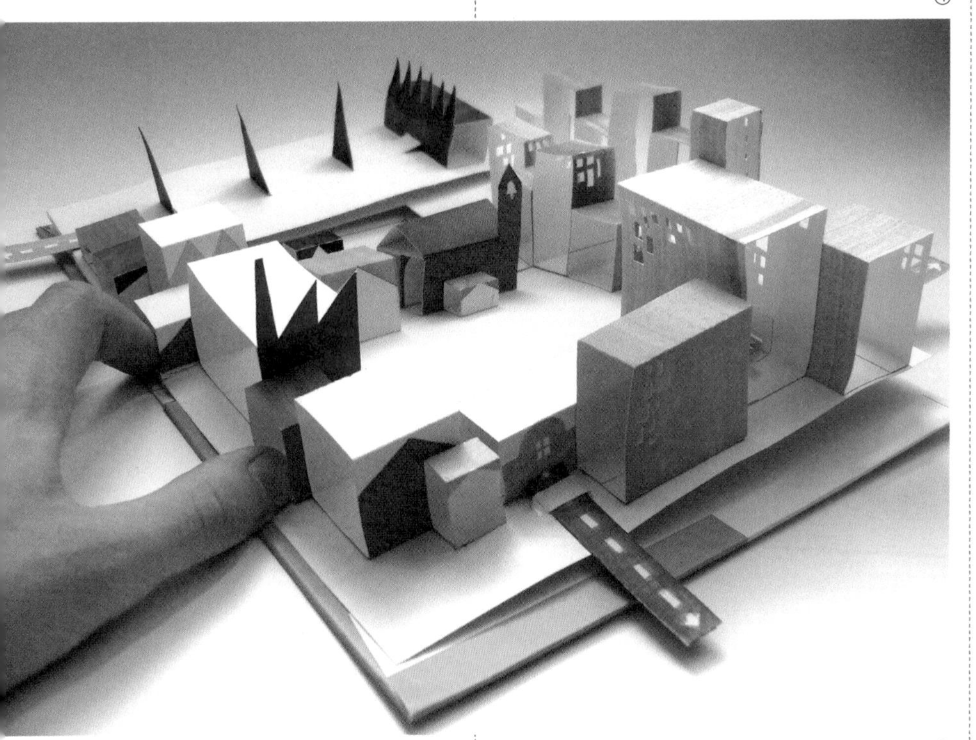

⑤

⑥

④⑤《立体城市》，阿努克·博伊斯罗伯特和路易·里戈作品，乔·索曼配文，艾略姆出版社，2009年

⑥《懒汉的森林》，阿努克·博伊斯罗伯特和路易·里戈作品，索菲·斯塔尔迪配文，艾略姆出版社，2011年

①

③

②

①② 《坏招》，七色丝印立体书，法国 ICINORI 插图工作室，马乌米·奥特罗配图，拉斐尔·乌尔威勒设计，2011 年

③ 马乌米·奥特罗和《坏招》，拍摄于丝印工作室

ICINORI 插图工作室，马乌米·奥特罗和拉斐尔·乌尔威勒（Mayumi Otero & Raphaël Urwiller）

法国

我们两位插画师经常合作，而且都喜欢在法国 ICINORI 插图工作室做实验。我们习惯制作从印刷到制作各环节都没有其他人插手的作品。几年前，我们在图书馆的角落里找到了一本库巴什塔的立体书，老旧的书满是灰尘，但内容仍让人惊叹。

我们的设计就是在向库巴什塔致敬，他的书既有巴洛克风格又有极简主义风格，浑然天成又非常感性。然而，市场留给立体书实验的空间并不大。为了盈利，艺术家们的创作受到多方面的限制，即使他们可以自由使用色彩、图案和多样化的技术。

手工制作一本立体书至少需要四小时，折叠、剪裁，再上色。丝网印刷效果与立体书非常契合，强烈的色彩和独特的质感丝丝渗透进每一个设计细节里。

——摘自法国 ICINORI 插图工作室 2011 年 9 月的访谈录

④

刘斯杰

(Kit Lam)

中国

刘斯杰的第一部作品《香港弹起》用立体书展现了香港六个经典居住建筑模型，让读者了解住房的变迁和城市居民生活的变化。刘斯杰习惯先从故事入手，再考虑图像。在开始创作之前，他经常和老年人交谈，了解建筑背后的历史，因为这样做会让设计出来的房子、交通工具和食品摊档更加鲜活。他的下一本书描绘的是香港的街边饭馆。

在描绘香港九龙（曾是世界上人口最密集的住宅区）时，刘斯杰采用俯视视角，更好地展现了高密度居住环境中独特的邻里关系。在描绘故宫的立体书中，为了体现古代中国的宫殿生活和作为历史名胜的现状，他把清代人物和现代游客混放在了一起。

——摘自刘斯杰 2011 年 8 月的访谈录

⑤

⑥

④ 刘斯杰和《中国弹起》
⑤《中国弹起》，黄山书社，2010 年
⑥《香港陆地公共交通工具》，香港三联书店，2011 年
⑦《香港弹起》，香港三联书店，2009 年

⑦

① 短片《弹出》布景的细节展示，卡米尔·巴拉迪和阿诺·卢瓦，2010 年。这是一部优秀的定格动画电影，布景是立体书，一个纸质的人物在布景中移动，仿佛获得了生命

①

第四章

立体书之外

立体布景

立体书工艺越来越多地应用于不同领域，如广告业（比利时的 Pearl 连锁眼镜店）或商店橱窗装饰（伦敦的蒂芙尼商店），典型例子是雷克萨斯汽车发布会上一个高约 20 米的立体模型。在一些大型活动上，人们会请来知名的纸艺工程师，比如基斯·莫尔贝克、菲利普·于什，他们很乐意把自己的立体书工艺应用在别的领域，欣然接受新的材料和特殊的组装方式。另外，舞台布景中也融入了立体书工艺，给观众带来更多的惊喜。

刘铭铿，这位香港灯光设计师设计了很多大开本的立体书。他认为用以下六种基本工艺就可以制作出一本立体书：风琴折纸工艺、插页工艺、翻翻书工艺、观察仪或立体镜工艺、拉杆工艺和旋转木马工艺。

④

①

③

②

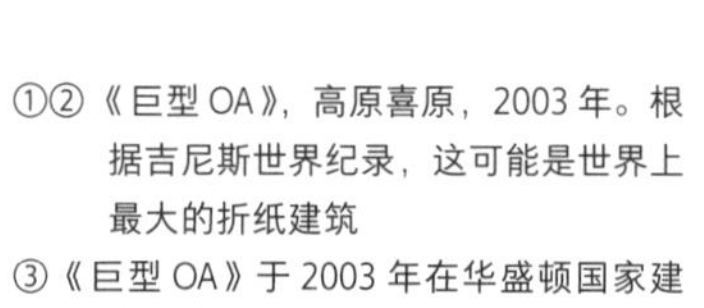

①②《巨型 OA》，高原喜原，2003 年。根据吉尼斯世界纪录，这可能是世界上最大的折纸建筑

③《巨型 OA》于 2003 年在华盛顿国家建筑博物馆“纸艺建筑节”上展出

④ 月光剧场的大型绘本《叫我们恐龙》，达米安·舍瓦特-布罗索

立体剧场书

达米安·舍瓦特-布罗索

(Damien Schoëvaërt-Brossault)

法国

我对折纸造型的兴趣源自我的父母，他们是雕塑艺术家。在他们的影响下，我很早就了解到关于自然形状布局的知识，我在1981年设计了月光剧场大型折纸作品。我还试过用纸制作平面木偶，后来我把它们用在我第一本于1991年沙勒维尔国际木偶节期间展出的立体剧场书中。

这本立体书中有配乐，由两个木偶操控。为了制造惊奇效果，我用到了各种立体动画工艺：拉杆、绳子、纸艺、灯光……之后，我又设计了30多本立体剧场书，而且都包含音乐。

剧场书设计师不仅要考虑纸折叠后的变化，还要想到纸的易损性和不确定性。只有考虑周全，书才会真正拥有自己的呼吸。

⑤

立体剧场书体积很大，使用的材料质量必须过硬，绘图要简明、清楚，颜色要和裁剪出来的零部件有鲜明对比。它要求以最少的操作实现最佳的展现效果，所以要让每一个零件巧妙折叠，达到高效运转。

从设计阶段开始，设计师就要清楚立体剧场书展示的时间都很短，最多不超过20秒。为了增加惊奇效果，必须合理设计零件。在舞台上操作立体书就像在演一场木偶戏。操作人员必须躲在作品背后，让观众把注意力放在作品上。

——摘自达米安·舍瓦特-布罗索2011年7月的访谈录

⑥

⑤《天使》，达米安·舍瓦特-布罗索，2005年

⑥ 大型绘本《叫我们恐龙》，达米安·舍瓦特-布罗索，2011年10月在欢乐时光剧场展出

①

①② 金恩英创作的大型场景立体书《我记得》，讲述了美玉——一个卖蜂窝糕的小女孩的故事

②

金恩英和佩尔内勒

(Eung Young Kim & Pernelle)

韩国

我是韩国的木偶操纵师，童年时我就喜欢玩纸盒子。纸不贵，又很容易找到。

我喜欢展现微型戏剧场景的“纸剧场”，19 世纪的欧洲也有类似的东西。《我记得》这部剧讲述了我的童年往事。我选择用 1.9 米 × 1.25 米的大型立体书作为剧中的舞台。

——摘自金恩英 2011 年 7 月的访谈录

法特纳·贾赫拉和埃伊纳特·兰达伊（Fatna Djahra & Einat Landais）

瑞士

“孩子们、女士们、先生们，马戏团立体书欢迎您！”一个神奇的世界出现了，艺术家仿佛无所不能：杂技演员旋转着，猛兽起身，快乐起舞，钢丝演员凌空炫技。讲故事的人也饰演了一个角色。

《立体阅读》神奇地再现了马戏团的场景，让人回忆起童年。每个节目演完之后都有人鼓掌。孩子们临走前都要走近舞台看看，和他们喜欢的动物或演员打招呼。

从儿时起，立体书就让我们万分惊喜，我们决定分享这种喜悦。我们对立体书工艺很感兴趣——设计简单而精巧。这种简单反映在材料上，纸既高贵又亲民，每个人都能买得起。纸艺作品可以有多层次的折叠变化，这些变化短暂而不稳定，这个特点很像戏剧。

对马戏团的记忆是我们创作的源头，插画师比利宾和艺术家弗纳塞蒂的作品也激发了我们的灵感。我们发现，在幼儿读物里，图画比文字占据的位置要多，所以我们在作品里非常重视图画、色彩的布局。剧中的人物是经过绘制、裁剪的纸木偶。

我们在这本书里用了 18 世纪纸质剧场的创作原则，人物像棋盘上的棋子一样被操控。为了设计上的美观，我们还试着将绘画和其他材料结合，营造出特殊的舞台效果，比如：纽扣、布料、黄铜、气球等。

——摘自法特纳·贾赫拉和埃伊纳特·兰达伊 2011 年 9 月的访谈录

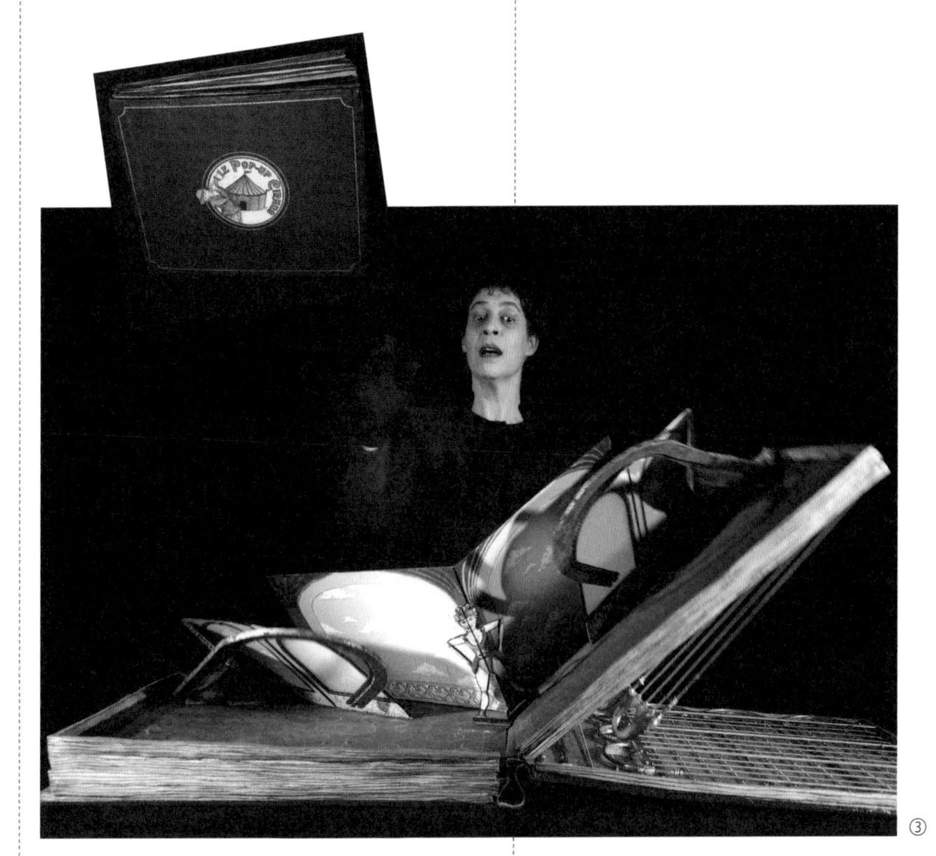

③

④

菲利普·于什

法国

菲利普·于什很轻松地就从立体书设计过渡到剧场大布景制作。他为巴黎圆点剧场和拉斐特画廊都设计过大布景。

⑤

③《翻页》，法特纳·贾赫拉的立体剧场书

④《法兰西风景，阿尔芒蒂耶尔的喝彩声》，贝琳达·安娜洛罗和菲利普·于什，2011 年，巨型立体书，高 2.6 米，宽 1.6 米，厚 1.6 米

⑤《微不足道》，菲利普·于什为巴黎圆点剧场设计的大布景，2007 年

数码艺术

加埃尔·佩拉绍

法国

为什么书必须一直保持静止？它必须通过纸张才能运动吗？关于早期电影的研究常和书有关，例如手翻书又称“指尖电影”，它将速度和运动的概念融入书中，同时图像持续的时间也成了构成空间的要素。

如今，立体书中加入了虚拟元素，书和数字技术紧密联系起来。例如：纳唐的作品《多科》，它是第一部互动式3D作品，由网络摄像机拍摄；艾蒂安·米纳尔和贝特朗·杜普拉特首创了可以自动翻页的“纸质电子书”；莫比乌斯公司和杰弗里出版社改编了艺术家尚·吉罗的漫画，共同制作了3D动画电影《重回星球》，开启了漫画阅读的新方式；让-查尔斯·菲库西向创办不久的Smartnovel出版社提出了“移动连载小说”的设想，展现了传统纸质书与新技术的结合。

文本并不是阅读的唯一途径，图像可以帮助我们更好地理解人物关系。移动故事工作室运用数码技术，通过iPad、iPhone和iTunes的播放软件来展示故事，这种新方式让集体阅读成为可能。在如今互联网推动图书创新的时代，多媒体为我们提供了阅读的工具。不过，书并没有丧失它的地位，人们还是会渴望触摸纸张，只不过书跟随技术的革新拥有了更多可能性。鲍勃·施泰因指出，看电影也是一种阅读，人们在电影里能读到故事。

——摘自加埃尔·佩拉绍2011年7月的访谈录

①

②

凯蒂·戴维斯 (Katy Davis)

英国

凯蒂·戴维斯是一位插画家和屡获殊荣的3D动画师。2008年她监制了比姆的《留在我的记忆中》这首歌的视频短片，视频中逼真的立体书就是她设计的。她先用Photoshop软件设计版面，接着用专业印刷机将图画印在长纸板上，再把这张纸板折叠并做成一本书的形状。然后，她用雕刻刀在纸板上标记出零件的位置，把立体零件摆好。之后，她在一间配有柔光的工作室里拍摄书翻动时的效果。在视频拍摄和剪辑完成后，她才开始在纸上仔细画出书中的人物，再用Photoshop上色。书中共有1651张人物图。最后，她再用Adobe After Effects软件把这些画和视频合成在一起。

① 移动故事工作室广告的屏幕截图，图片分别为工作室创办人、艺术总监马特乌·塔尔博特-凯利和雅克琳·奥·罗杰斯

②《留在我的记忆中》，凯蒂·戴维斯，2008年

③

④

③④《留在我的记忆中》，凯蒂·戴维斯，2008 年

克里斯·诺西
（Chris Northey）

澳大利亚

澳大利亚动画师克里斯·诺西旅居日本时创作了 3D 动画作品《开始跑吧，皮科》。故事讲述了一条龙追捕四个小人物，而最终的胜利者皮科，成功地跑完全书并且没有被龙吃掉。书中的图画风格受到了日本神话的启发。

克里斯先在纸上绘制草图，然后用 3D 技术呈现出来。很多日本神话中的人物都在书中出现了，比如达鲁玛和河童。为了制作这部 3D 著作，他研究并尝试了多种技术，最后还是决定用立体书的方式，让影片显得更加逼真。灯光和摄影让书一下子鲜活了起来。

——摘自克里斯·诺西 2011 年 9 月的访谈录

⑤

⑥

⑤⑥《开始跑吧，皮科》，城市和水系列，克里斯·诺西，2007 年

修复

埃米莉·迪内和塞利娜·普瓦里耶
（Émilie Diné & Céline Poirier）

法国

决定修复立体书的日子确定下来了，在采取一些无关紧要的措施之前，应该先听取专业人士的意见。以下是埃米莉和塞利娜提出的几点建议：

“干擦是最重要的。如果书本受潮，聚集的灰尘会滋生微生物和细菌。用羊毛软刷除尘，注意要慢点刷书的底部。可以用胶水给书的里外上胶，拉杆处要特别小心。胶水需要多次涂抹，同时确保它没有影响文字，特别要注意已经磨损或者脱落的地方。这项操作需要足够的耐心和观察力。

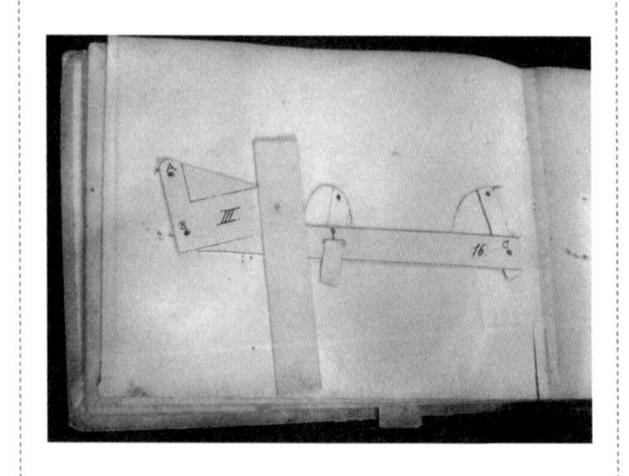

“不要用海绵、水和洗洁精。因为液体有可能溶解书中的字和图画，还会损坏拉杆和零件。

“不要使用回形针、夹子、胶带。页面如果有破损，用相匹配的纸或纸板补缺。最好是用打印纸，因为它是一种符合法国标准化协会要求的上等纸张；不建议用再生纸，因为它会随着时间的流逝产生大量的化学物质。

“粘贴时，记得不要使用聚乙烯醇胶或白色乙烯基胶，因为它们的黏性太强。也不要使用氰基丙烯酸酯胶中的 UHU 超级胶。专业人员可以用纯植物胶水。

“在装订环节，最容易磨损的地方是书脊凹槽和封面。可以准备一条有弹性的带子稳定住书脊部分。

“准备一个装书的保护盒，盒子最好用中性纸板制成。

“最后一个建议，从书架上取书的时候要握着中间部分，不要从书的上端拿。”

——摘自图画和书籍艺术专业人士、遗产修复师埃米莉·迪内和塞利娜·普瓦里耶2011 年 7 月的访谈录

① 安德鲁·巴伦正拆开洛萨·梅根多夫原作的装置，为作品《致敬立体书》准备材料

①

②

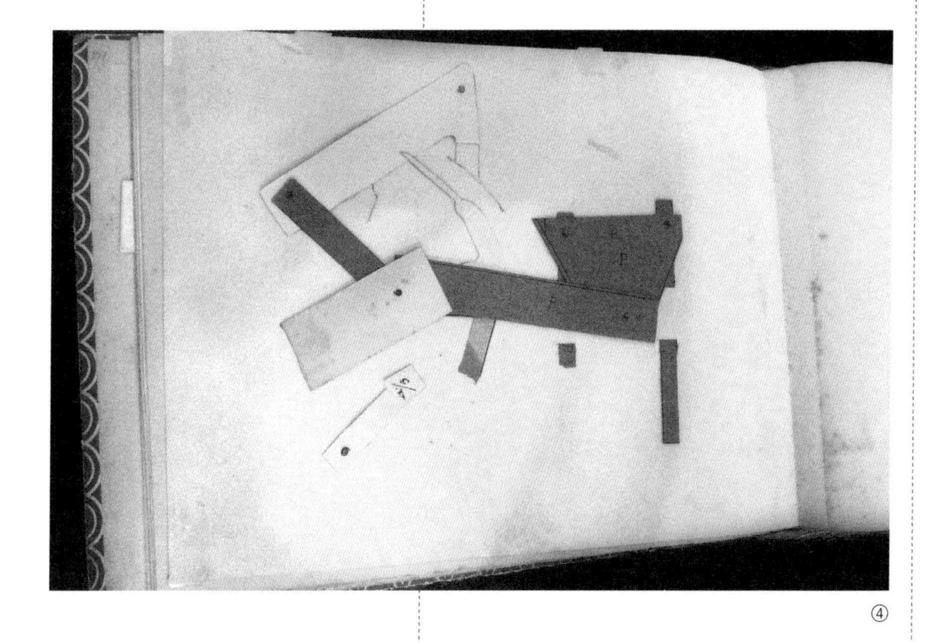

④

彼得·弗朗西
（Pietro Franchi）

意大利

彼得·弗朗西是意大利书商和收藏家。他住在波伦亚。

以下这些合理的建议选自他的作品《打开书》：

“如果是新作品，可以用卡纸剪出需要替代的零件，这个很容易复原；但老书就复杂很多，因为纸张随着时间的流逝已经变得很脆弱了。

“对于那些用很多零件粘贴而成的转盘，应当小心拆卸，然后用优质的纸和植物胶加固。在重新组装前应撒上一点滑石粉，帮助它更好地转动。

“有时，衔接处或转轴处的细铁丝因受潮生了锈，可以用一张薄的塑料板清除锈迹。有的螺线缺了，可以用铜线代替，重新制作。将螺线绕三圈，把线头穿过凿孔，最后填满轴承。进行更大规模修复时，需要请专业的修复师和装订师。

“修复一本老的立体书有时要花费好几个小时，才能得到令人满意的结果。成功修复之后，书的价值会再一次提升。”

③

②《立体故事》，吕科斯出版社，1950年。图为纸张打孔后连接处损坏的部分，这是经常出现的情况

③《吕克和露西尔》，选自画册《利多，小世界的梦想和欢乐》，巴黎，1950年。图为修复固定拉杆之前和之后

④ 拉杆和铁线圈制成的铆钉，洛萨·梅根多夫的作品和代表工艺

培训

工作坊

比利时

培训师纳迪亚·科拉齐尼（绘图师兼图书造型艺术家）和戈伊·安妮（装订员兼纸艺工程师）喜欢立体书已经好几年了，为了将立体书推广给大众，他们研究了很多不同的立体设计。

此次培训面向绘图师、设计师、插画师、装订工、舞台布景师、主持人、图书管理员和所有对图书和动画感兴趣的人，主要为他们讲授制作立体书的基本理论和操作方法，同时结合纸张选择、封面制作等内容，从多个角度讨论立体书。

以下是培训的几个要点：

1. 介绍设计新颖的作品以及立体书的历史；

2. 介绍立体动画的设计理念；

3. 学习基础设计，让图画动起来，需要研究 40 多种设计方法，每位参与者要制作一个模型；

4. 探索不同的立体书组装形式；

5. 简易装订、组装模型。

①

① 立体书工作坊

卡米尔·巴拉迪和阿诺·卢瓦（Camille Baladi & Arnaud Roi）

法国

我俩是图卢兹的纸艺工程师，数年来以作者身份和法国及国外的出版社合作。2010 年我们创作了一部立体布景的定格动画电影《弹出》。我们还开设了一些立体书成人入门培训班，面向所有立体书爱好者。培训时间一到两周，一年两次，在图卢兹当地举办。参与者会学习到最常用的制作工艺，然后再用两天时间创作他们自己的作品。

——摘自卡米尔·巴拉迪和阿诺·卢瓦 2011 年 9 月的访谈录

安娜-索菲·鲍曼

（Anne-Sophie Baumann）

法国

安娜-索菲·鲍曼是儿童文献类书籍的作者。在她的作品中，除了文本和图画，你还可以通过立体设计获取知识。书中可触摸的立体零件、有趣的装置，制造了真实的运动效果。

她为孩子设计了许多大开本的立体书，可以在学校、娱乐中心、绘画俱乐部等场所展示。她运用了四种立体书设计的基本工艺：窗式、轮式、拉杆式和立体纸艺。

作品中最简单的机关在第一页，接下来就复杂了：窗式设计用来打开门或窗户；轮式设计让移动的零件运转起来，比如放飞一个气球；拉杆式设计能让动物从藏身处出来；立体纸艺主要用来装饰外观。

——摘自安娜-索菲·鲍曼2011年9月的访谈录

②

③

④

⑤

②③《噪声》和《夜晚》，有声书，阿诺·卢瓦，米兰出版社，图卢兹，2010年

④《游戏爱你》，爱情主题立体绘本，塔纳出版社，巴黎，2009年

⑤《拉普切街道》，塞西尔·邦邦和阿诺·卢瓦，迪迪埃出版社，2010年。一本展开能变成游戏毯的立体书

⑥ 安娜-索菲·鲍曼和她制作的教学类大开本立体书

⑥

1.

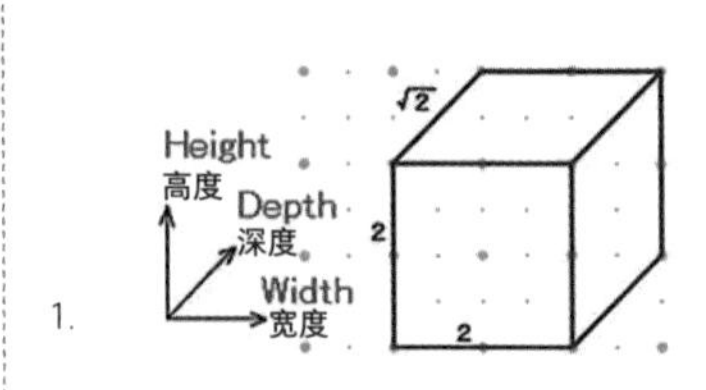

2.

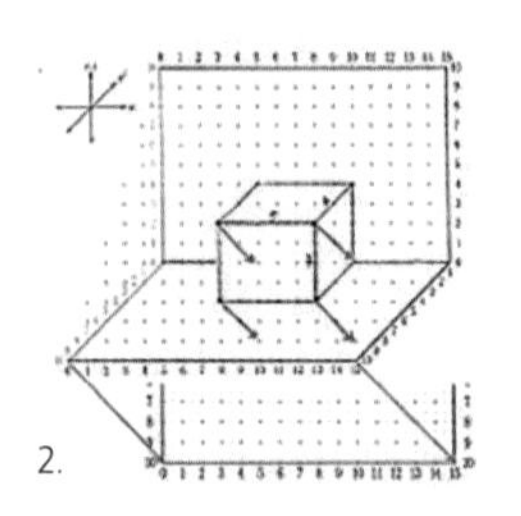

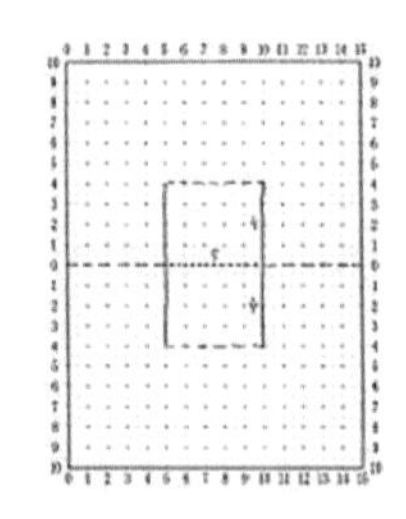

3.

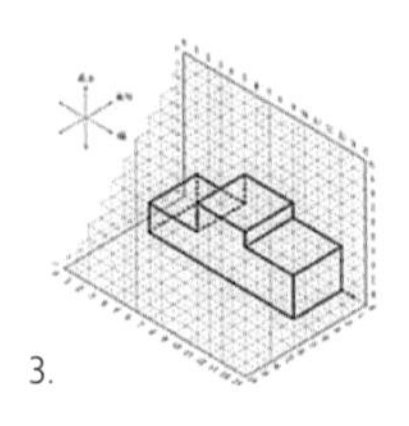

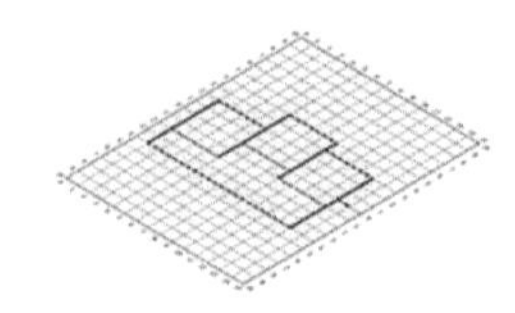

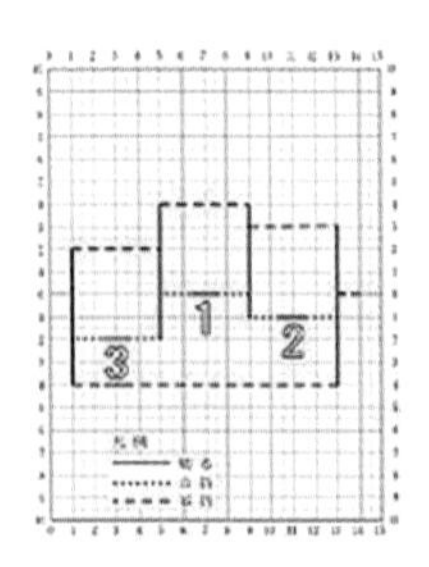

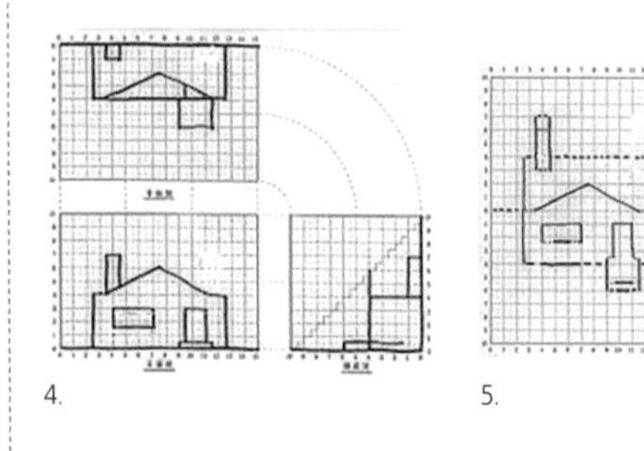

4.

5.

图片从上往下依次是：

1. 点状网络
2. 用点状网格纸绘制的斜投影和结构示意图
3. 等距图，投射到固定 T 形台面的插图
4. 三面投影图
5. 折纸平面图

高原喜原绘

①

高原喜原

(Takaaki Kihara)

日本

空间思维是指能根据二维形状想象出三维形状，或画出三维图形的能力。研究表明，用立体折纸教学，能够更好地培养小学生这方面的能力。但是在我们 15 年的义务教育里，只有数学几何课和造型艺术课能培养他们的空间思维。为了拓宽他们的眼界，我受邀为小学生开办了一些工作坊。

首先说一下“90 度折纸建筑”，这是用一张纸就可以做出来的立体卡片。用时短，费用低，作品小巧且便于收纳。设计这个作品，需要先在纸上画出成品图：

图 1 是点状网格（每个点间隔 0.5 厘米），它能清楚地体现比例尺关系，让学生很容易就画出预想的图画。图 2 是用点状网格纸绘制的斜投影和结构示意图，能帮助人们更清楚地了解立体效果，即使刚入门的孩子也可以轻松画出并制作一张立体卡片。

在这种纸上画出的三视图，和在其他纸上画出来的效果不一样，它更加直观。我们鼓励学生用这种方式构想事物从上面、正面和侧面各个角度观察的样子，锻炼空间思维。

——摘自高原喜原 2011 年的《社会教育中，小学生和父母的空间思维培养》

① 乔治·蓬皮杜图书馆的一次培训活动

布丽吉特·米诺纳

（Brigitte Milonas）

法国

2011 年 6 月，乔治·蓬皮杜图书馆举办了一场盛大的立体书展，主题是魔法和梦境。在图书管理员克里斯泰勒·吉洛的带领下，孩子们像爱丽丝一样，开始对这个新世界进行探索。克里斯泰勒·吉洛说："让孩子自己操作立体书，去发现设计的奥妙，是为了去除立体书神圣的光环，立体书不是像大人们说的那样不堪一击，或是高高在上。"

还有许多热情而好奇的成年人，对立体书也同样充满兴趣，只是目前工作坊的规模还未能满足所有人的需求。乔治·蓬皮杜图书馆的韦罗妮克·波尔塞勒说："孩子喜欢寻找、摸索的过程，这个活动就是让孩子自己探索立体书，了解立体书的运作方式，以及创作他们自己的作品。在这次展览上，我们主要讲解了《有故事的锅》和《莫尔杜王子光滑好看的梨》两本书。孩子们不仅亲手制作了立体书，还在心里留下了一段美好的记忆，一段关于'心灵旅行'的记忆。"

——摘自布丽吉特·米诺纳 2011 年 9 月的文章

②

③

④

②③ 布丽吉特·米诺纳组织的工作坊，图为学员制作的立体书作品，阿诺·卢瓦和卡米尔·巴拉迪任培训讲师

④ 克里斯泰勒·吉洛，青少年图书馆负责人，正在向预备班和一年级的学生介绍立体书

立体书手工指导说明

本页及折叠插页介绍了立体书的设计和装订方式。

基础设计
和立体书设计相关的基础工艺。

用单页纸制作的立体书
介绍了如何用一张纸做出立体造型。这种工艺常用于折纸建筑。

加入嵌入物
沿着折页中间的折痕，将纸质零件以不同的方式粘贴在对开的两张纸上，制造出立体效果。

这是当代立体书设计中的经典制作工艺。

装订方式
由于折叠方式和装订方式不同，立体书的阅读方式也会不一样。这里介绍了不同装订方式的立体书类型。

使用其他材料
为什么只用纸或纸板？想象力促使作者们发现其他制作材料，有时会和之前的材料叠加使用。

透明纸这种工艺能让人们在同一时间看到不同页面上的图画，而且画面可以随着透明纸的移动而变化。这种工艺在 1960 年很流行，穆纳里的作品里经常会出现。近年来，驹形克己将它的应用推向了顶峰。

固定线
简单的有色线或透明线，用于加固零件。

触摸书
根据故事情节，在书中会放上一些光滑的、粗糙的、柔软的、闪耀的材质，丰富触感。

光学效果
在光的影响下，透明页上的图画看起来会发生变化或者动起来。典型的例子有魔法书、翻翻书、透镜书、发光书。

声音设计
在书中加入特殊的声音效果，有时也会让剪成锯齿状的纸板相互摩擦产生声音。我们也称这种书为“音乐书”或“音乐电子芯片书”。如扬·皮恩科斯基的作品《鬼屋》和大卫·卡特的作品《一个红点》。

嗅觉设计
用香味墨水或者其他香料让书闻起来有不同的味道。

皮筋
带皮筋的立体书是维克·杜帕·怀斯特和马克·海纳发明的，人们称它为“弹出式立体书”。皮筋藏在作品内，随着书的打开，皮筋一松，立体造型就会随即弹起。

✏ 几位纸艺设计师出版的入门读本非常精彩，以下列举主要的几部：

1983《茶谷正洋的纸艺建筑》(*Origami Architecture of Masahiro Chatani*)。茶谷正洋，设计师，纸艺建筑教学的开创者。所有他开创的立体书工艺如今都被广大设计师采纳

1985《立体书和卡片的设计》(*Paper Engineering for pop-up books and cards*)。马克·海纳，纸艺工程师兼教师。书中介绍了 10 种基础纸艺设计方法

1987《怎么制作立体书》(*How to make pop-ups*)。琼·欧文，艺术家

1991《弹出，有松紧带的纸艺作品》(*Up-Pops, paper engineering with elastic bands*)。马克·海纳。在书中探讨了产品包装和广告的方法

1991《纸艺工艺百科全书》(*The Encyclopedia of Origami and PapercraftTechniques*)。保罗·约翰逊。书中介绍了很多实用的例子

1992《立体纸艺》(*Pop-up paper engineering*)。保罗·约翰逊，艺术家兼教师。书中介绍了自己对立体卡片和剧场立体书的教学研究

1994《立体书》(*The Pop-Up Book*)。保罗·约翰逊，纸艺艺术家兼教师。书中详细说明了单页纸卡片，是介绍很全面的一本书

1997《弹起！一本纸艺手册》(*Pop Up ! A Manual of Paper Mechanisms*)。邓肯·伯明翰，设计师兼教员。书中介绍了纸艺制作工艺和精巧的设计

1999《立体书元素》(*The Elements of Pop-Up*)。大卫·卡特和詹姆斯·迪亚兹，纸艺设计师。书中介绍了加入嵌入物的立体书和轮盘式、拉杆式设计工艺，这是第一本立体书百科书，包含 40 多个例子

2005《口袋书，纸艺工程师》(*The Pocket Paper Engineer*)。卡罗尔·巴顿，艺术家兼教员。书中介绍了嵌入工艺的模型和技巧，可以减少作品的粘贴次数

2008《立体书折纸艺术》(*The Art of Paper Folding for Pop-Up*)。吉田美幸。书中有很多高品质的彩色模型范本

第五章

立体书样板

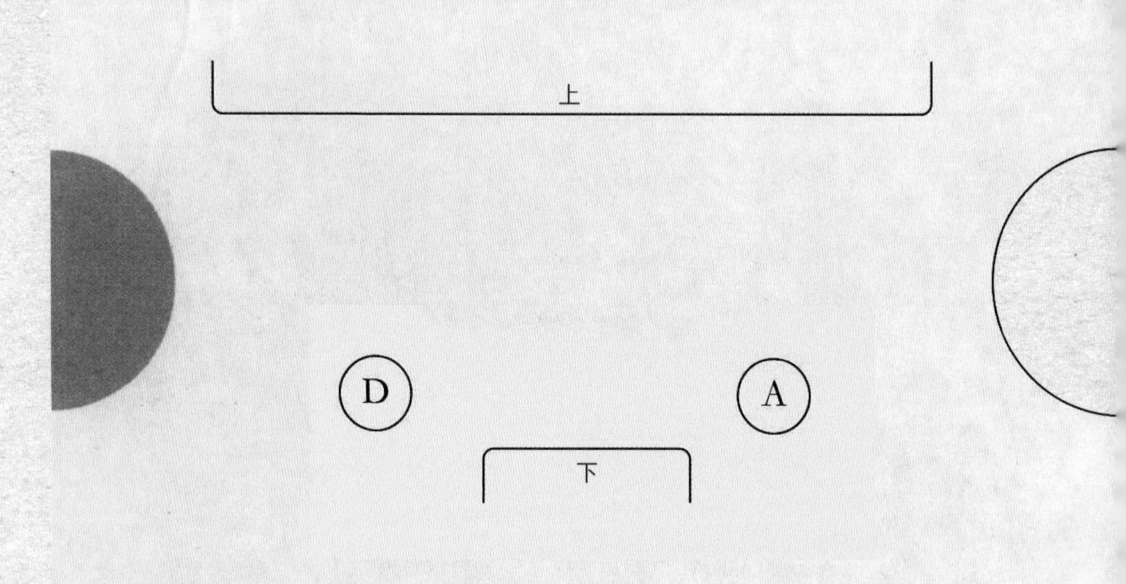

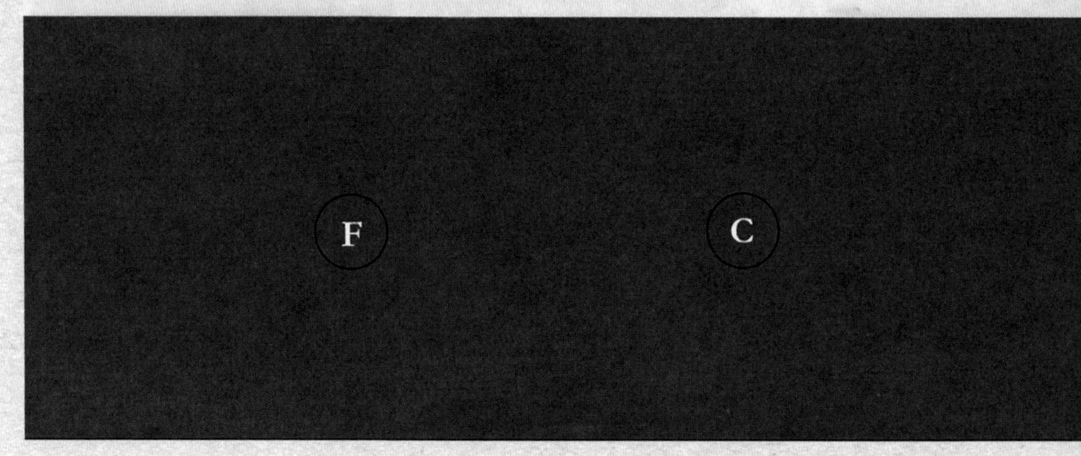

① 《跳舞的夫妇》
克里斯汀·苏尔设计，灵感来源于《立体书的艺术》，被称为Go-Card（一种在丹麦咖啡厅和酒吧免费发放的明信片）

①

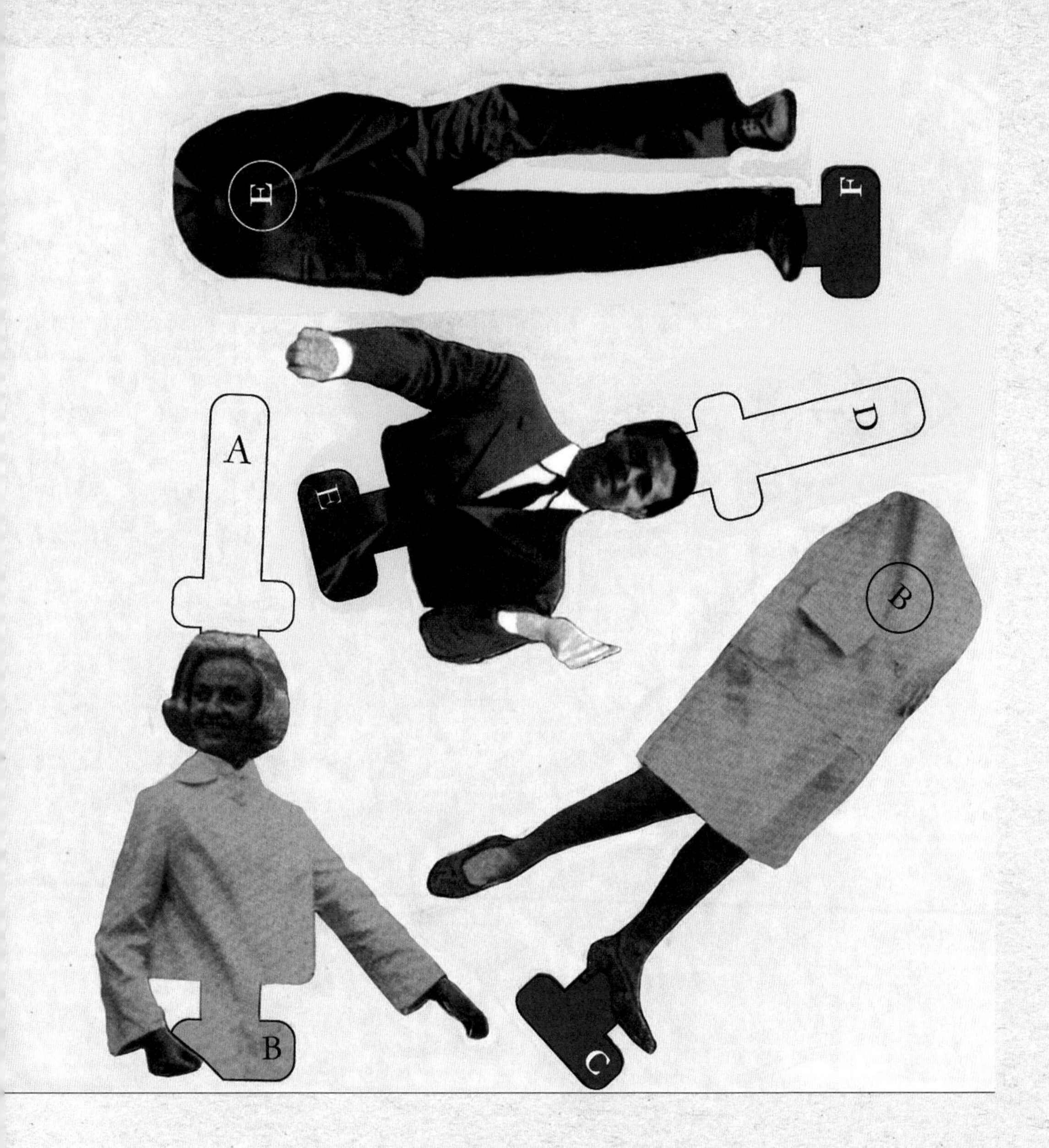

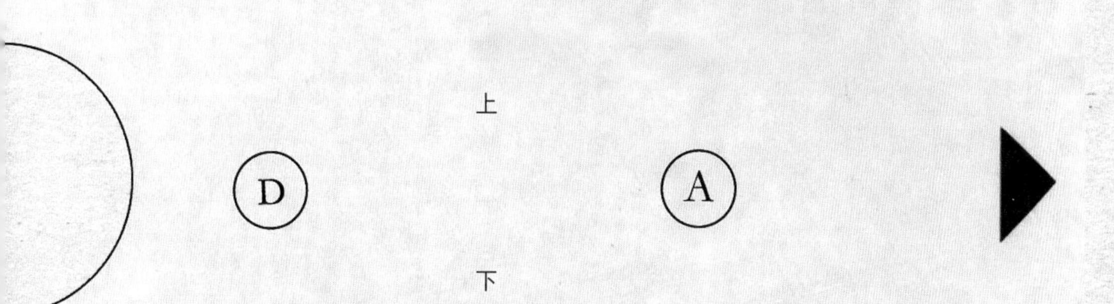

- 沿着黑线剪下人物
- 将Ⓑ放在 B 处，Ⓔ放在 E 处，把人物放置在左边卡片的合适位置
- 沿着箭头方向拉动卡片，将Ⓐ和Ⓓ穿过对应孔
- 将零件顺着箭头塞入卡片背面的缝隙里，一张卡片就做成了

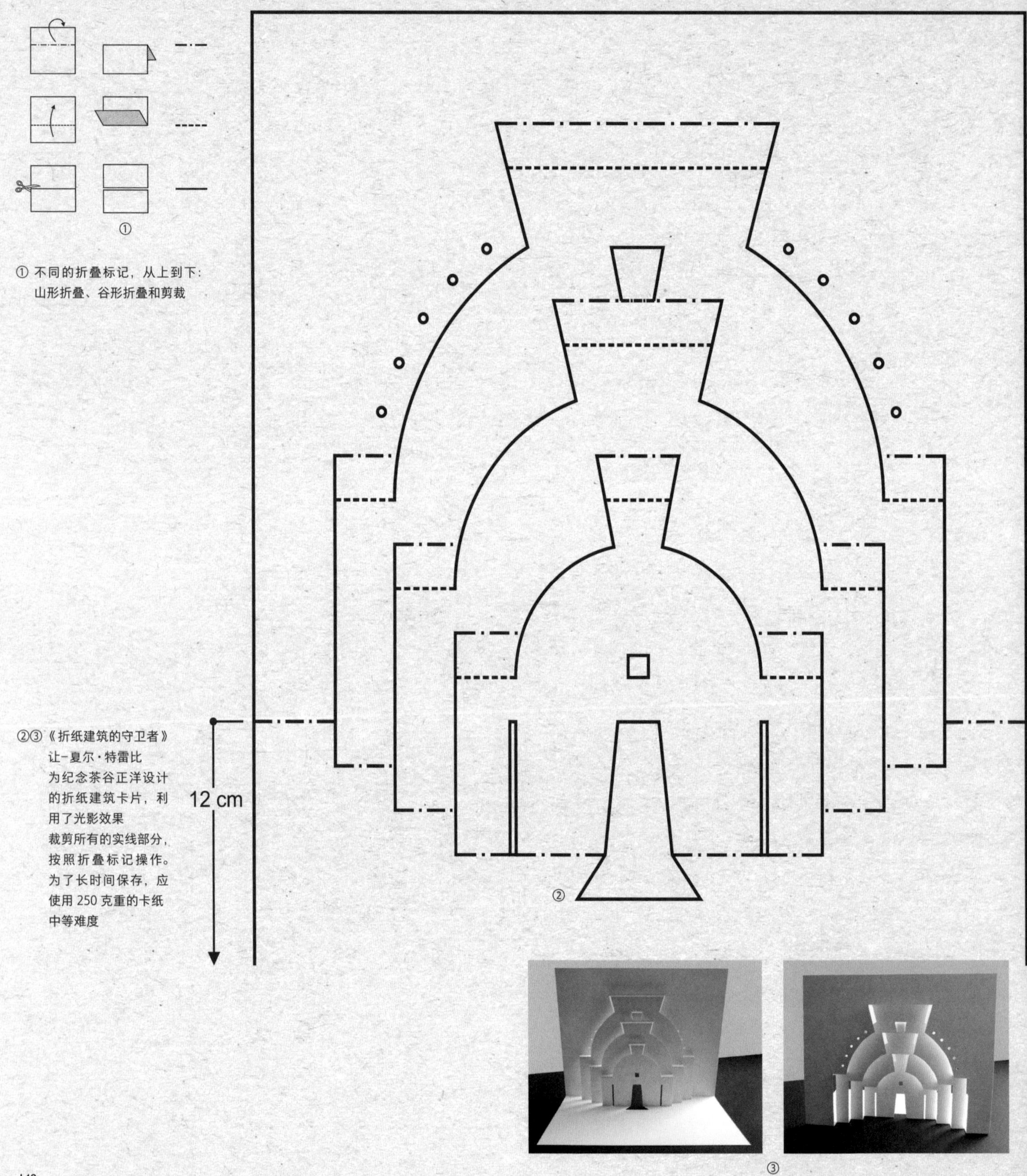

① 不同的折叠标记，从上到下：山形折叠、谷形折叠和剪裁

②③《折纸建筑的守卫者》
让-夏尔·特雷比
为纪念茶谷正洋设计的折纸建筑卡片，利用了光影效果
裁剪所有的实线部分，按照折叠标记操作。为了长时间保存，应使用 250 克重的卡纸
中等难度

④⑤《一顿丰盛的午餐》

爱德华·哈钦斯，隧道书；

1996 年仅仅用一张纸就制作出的隧道书模型；

裁剪所有的实线部分，按照折叠标记操作，自己设计背景

高手级别

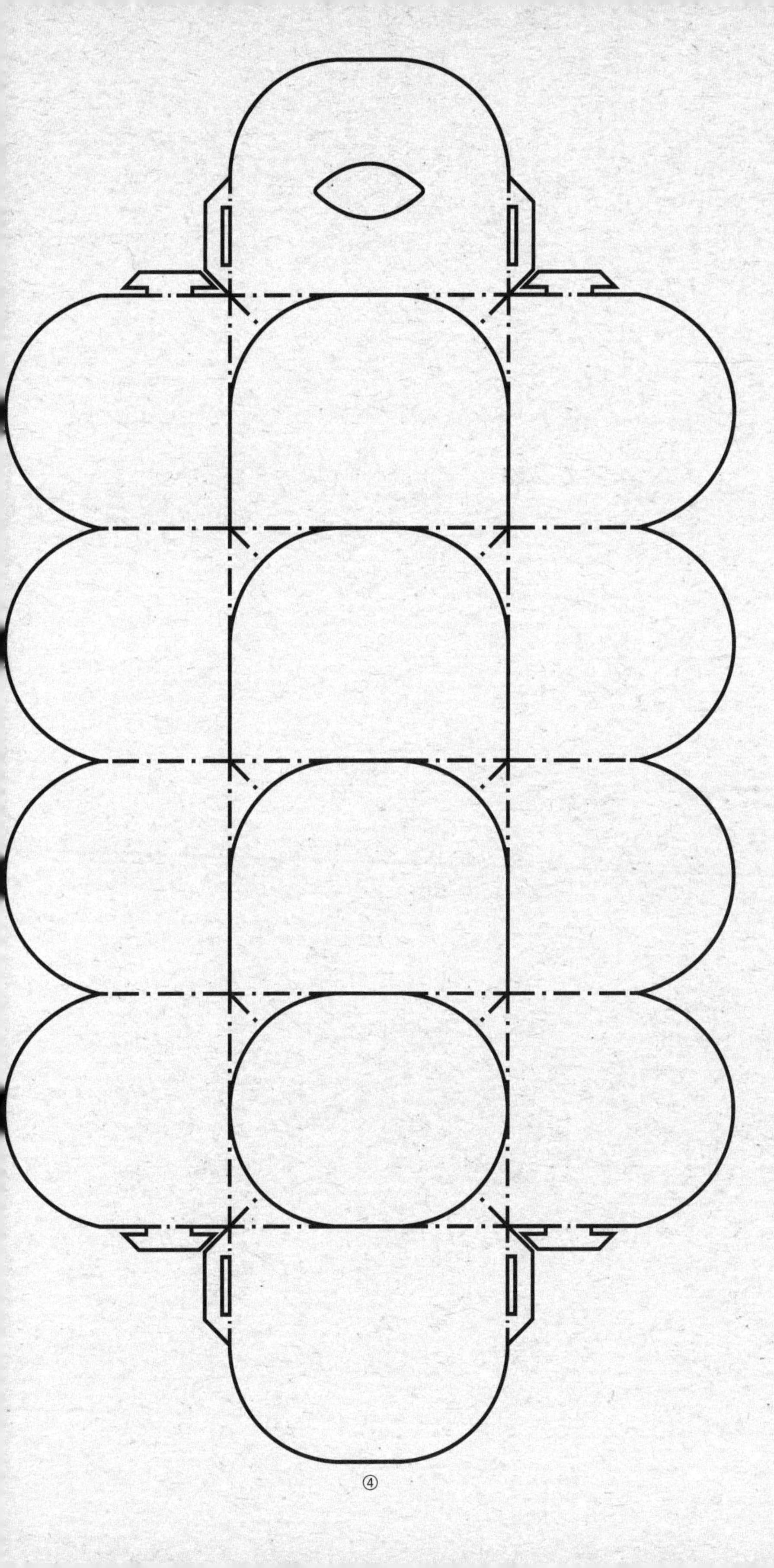

④

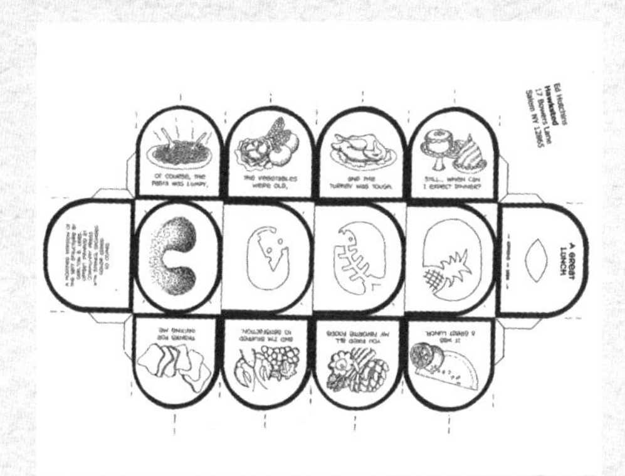

⑤

①②③	圆盘书 卡米尔·巴拉迪和阿诺·卢瓦绘； 复印样板	• 剪下 A、B、C、D 几个零件，并在中心部位打孔 • 折叠并粘贴圆盘 B 上的 L • 将可移动的圆盘 B 安装在 A 的反面 • 把花瓣一片一片安插好，把圆盘 C 放好 • 用夹子固定 • 将拉杆 L 插入圆盘的缝隙中 高手级别

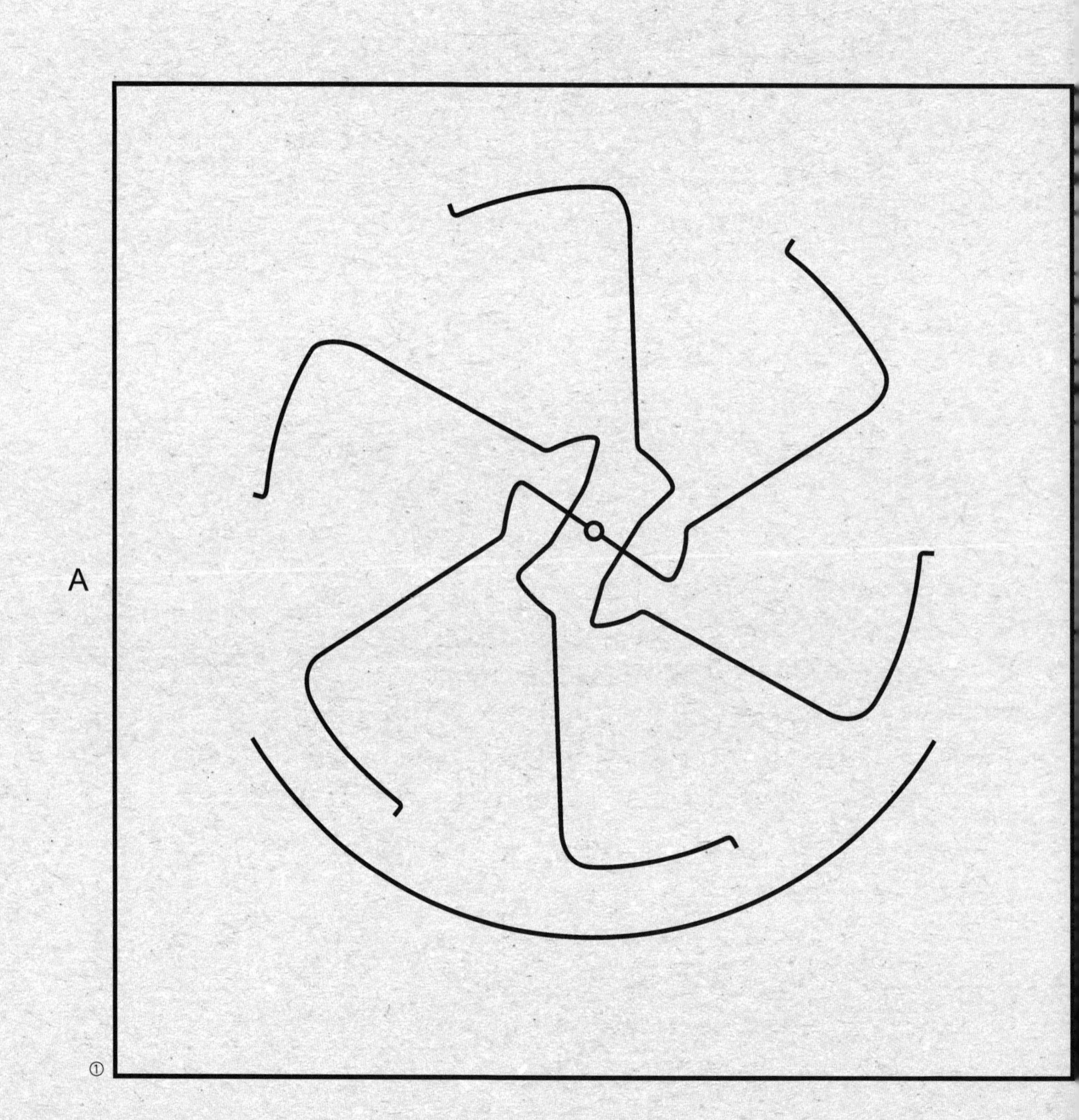

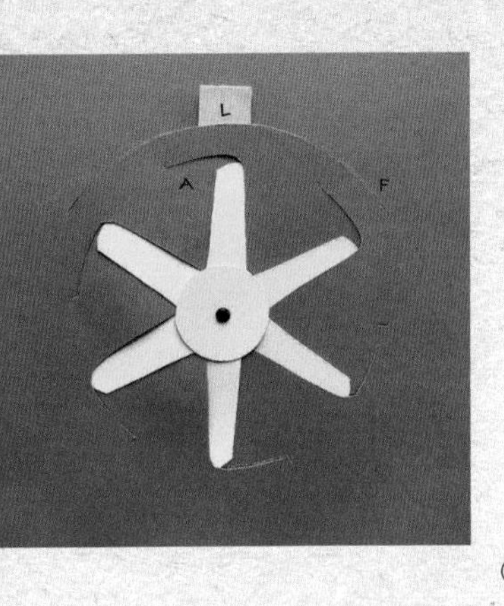

②

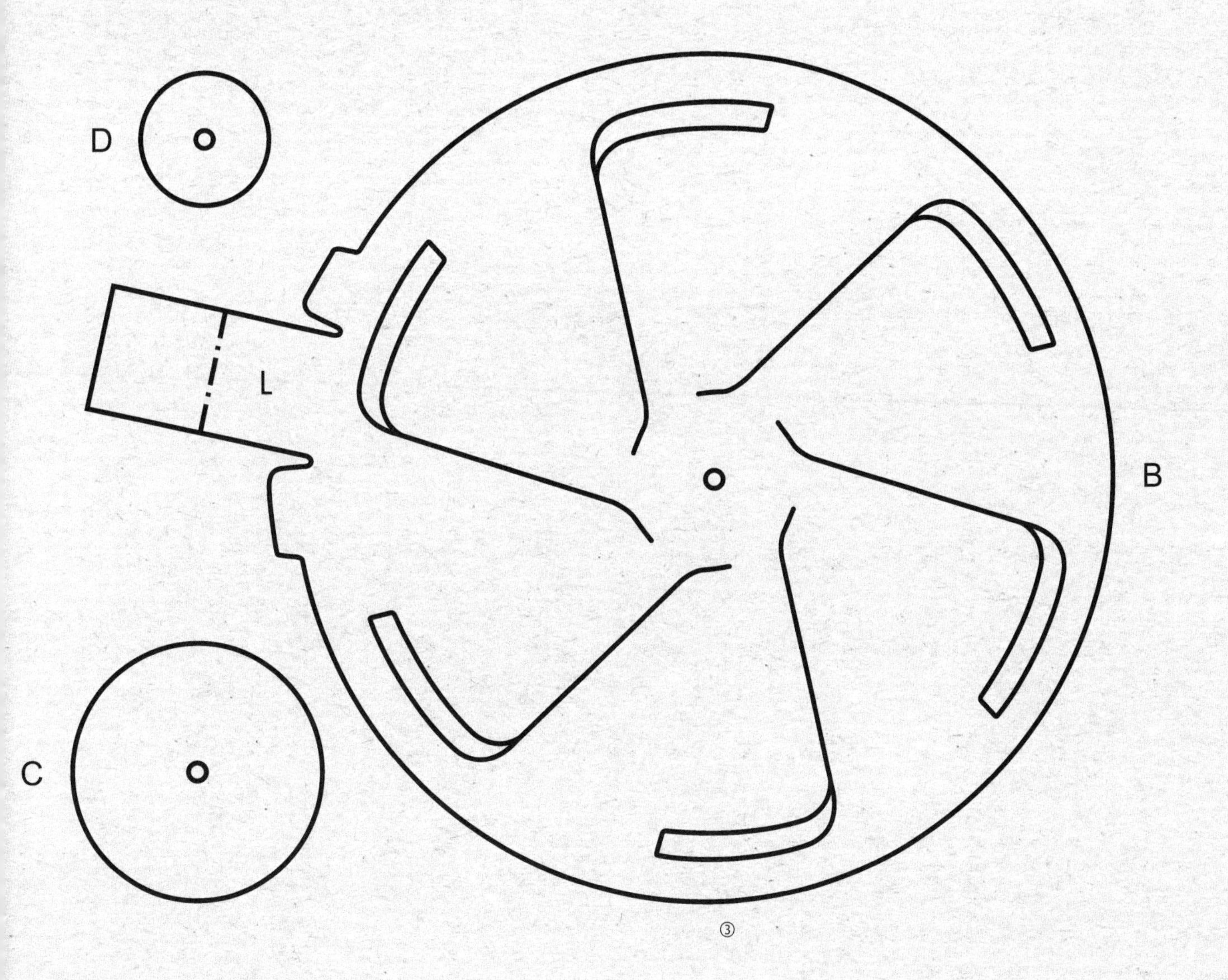

③

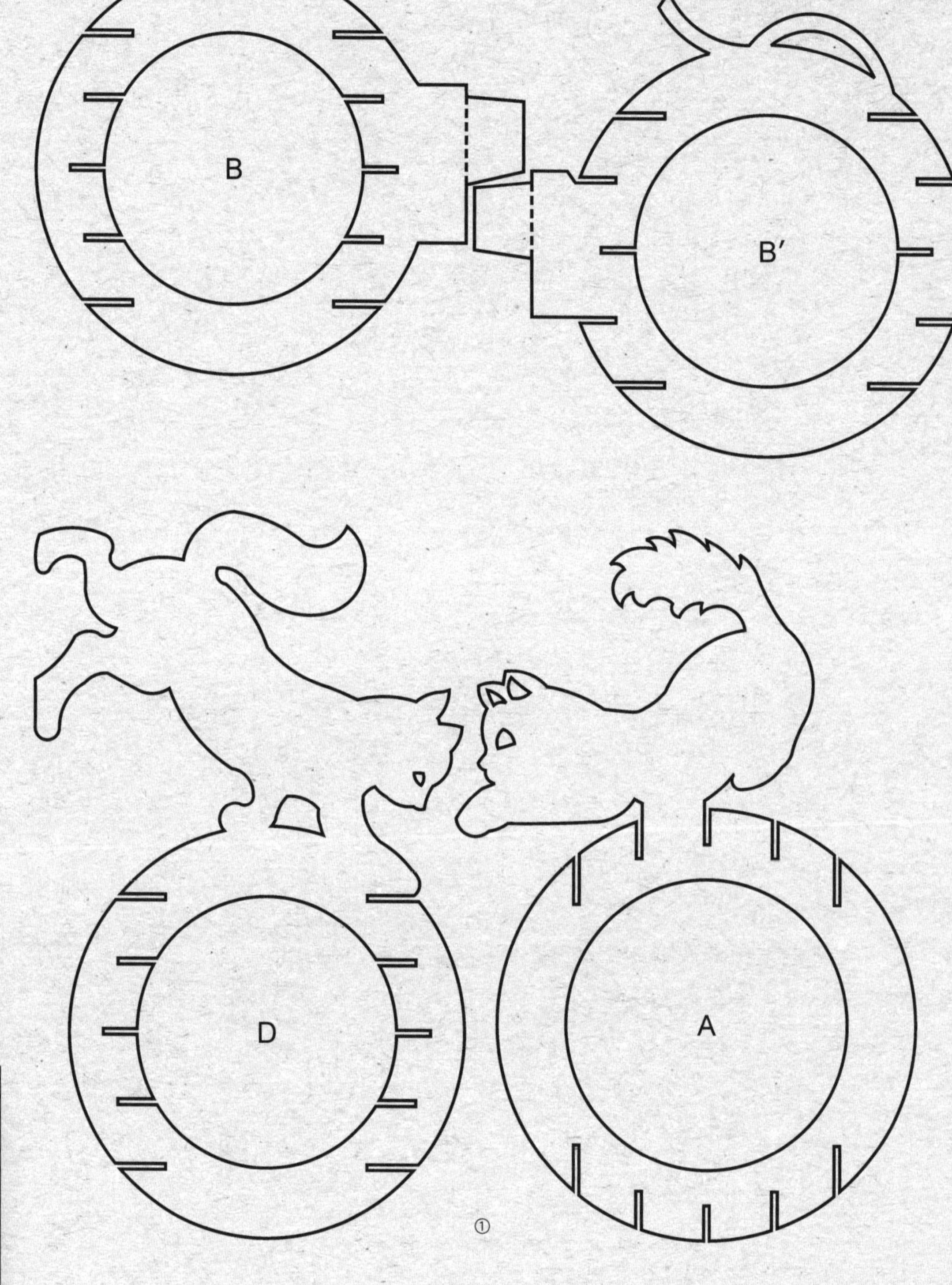

①②《地球和猫》

玛丽亚·维多利亚·加里多;
设计精美的三维插片组装立体书模型，组装零件时要非常细心;
卡片重 150 克

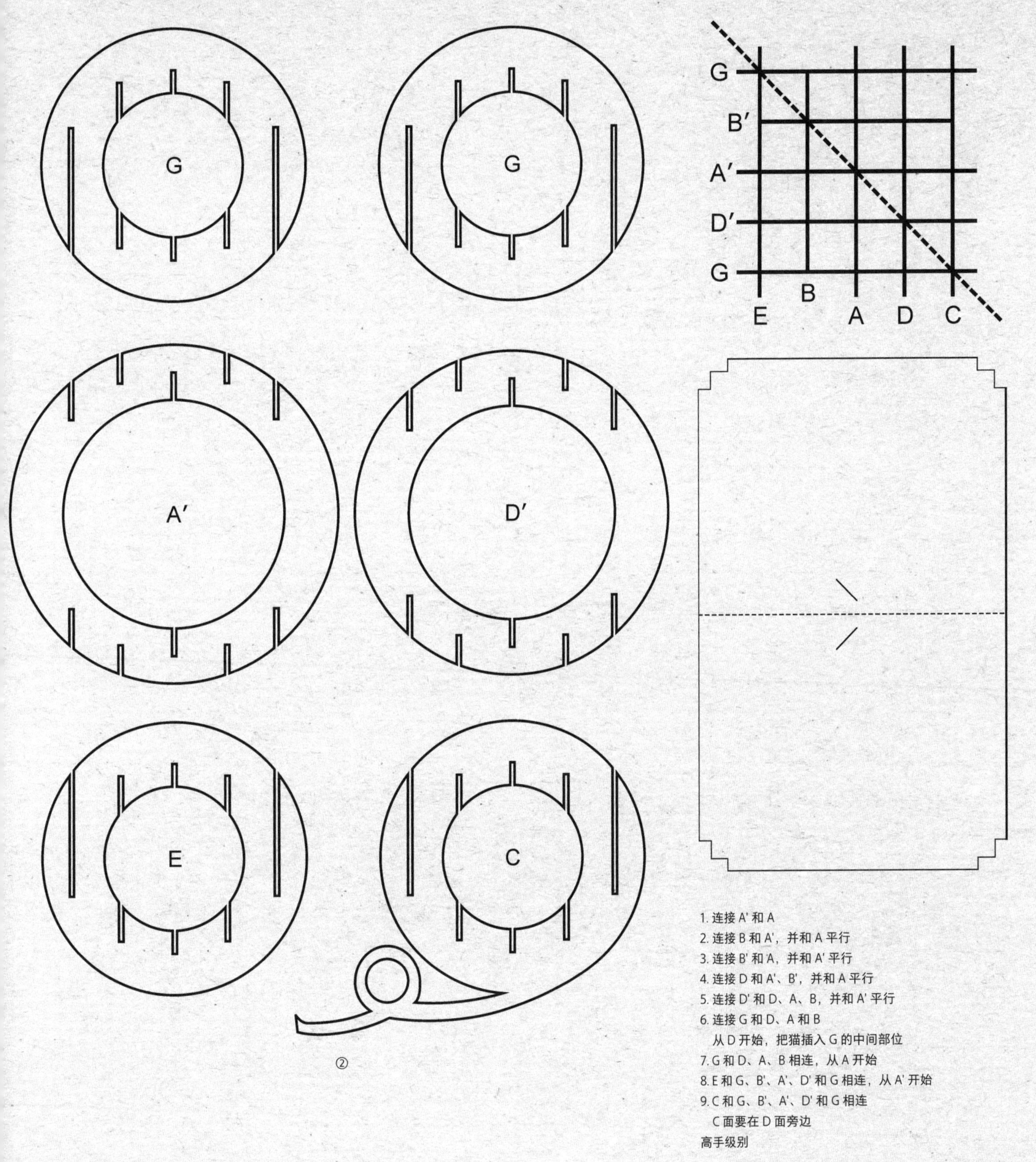

1. 连接 A' 和 A
2. 连接 B 和 A'，并和 A 平行
3. 连接 B' 和 A，并和 A' 平行
4. 连接 D 和 A'、B'，并和 A 平行
5. 连接 D' 和 D、A、B，并和 A' 平行
6. 连接 G 和 D、A 和 B
   从 D 开始，把猫插入 G 的中间部位
7. G 和 D、A、B 相连，从 A 开始
8. E 和 G、B'、A'、D' 和 G 相连，从 A' 开始
9. C 和 G、B'、A'、D' 和 G 相连
   C 面要在 D 面旁边

高手级别

①②③《莲花》

塔季扬娜·斯托利亚罗娃

复印样板，将莲花 A 摆放在 200 克的彩色卡片上

- 剪下所有的零件，按照折叠标记操作
- 嵌入两片花蕊，将根部插入倾斜的小缝隙内
- 组装花冠 B
- 将花冠 B 的 2 插入折叠页面上的缝隙 2 里，并粘贴
- 重复相同的操作，将花冠 A 插入缝隙 3，并粘贴

简单级别

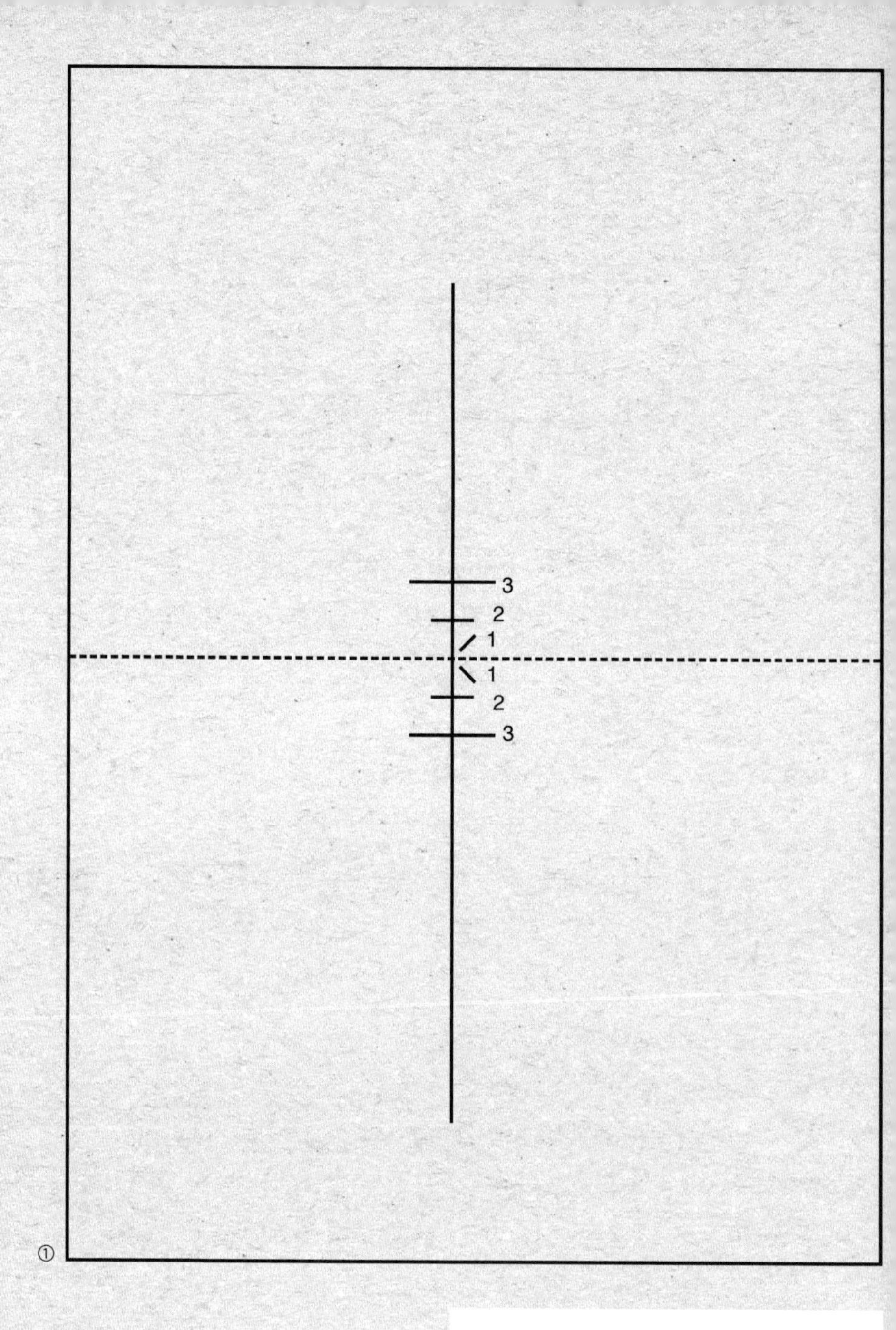

①

②

③

①

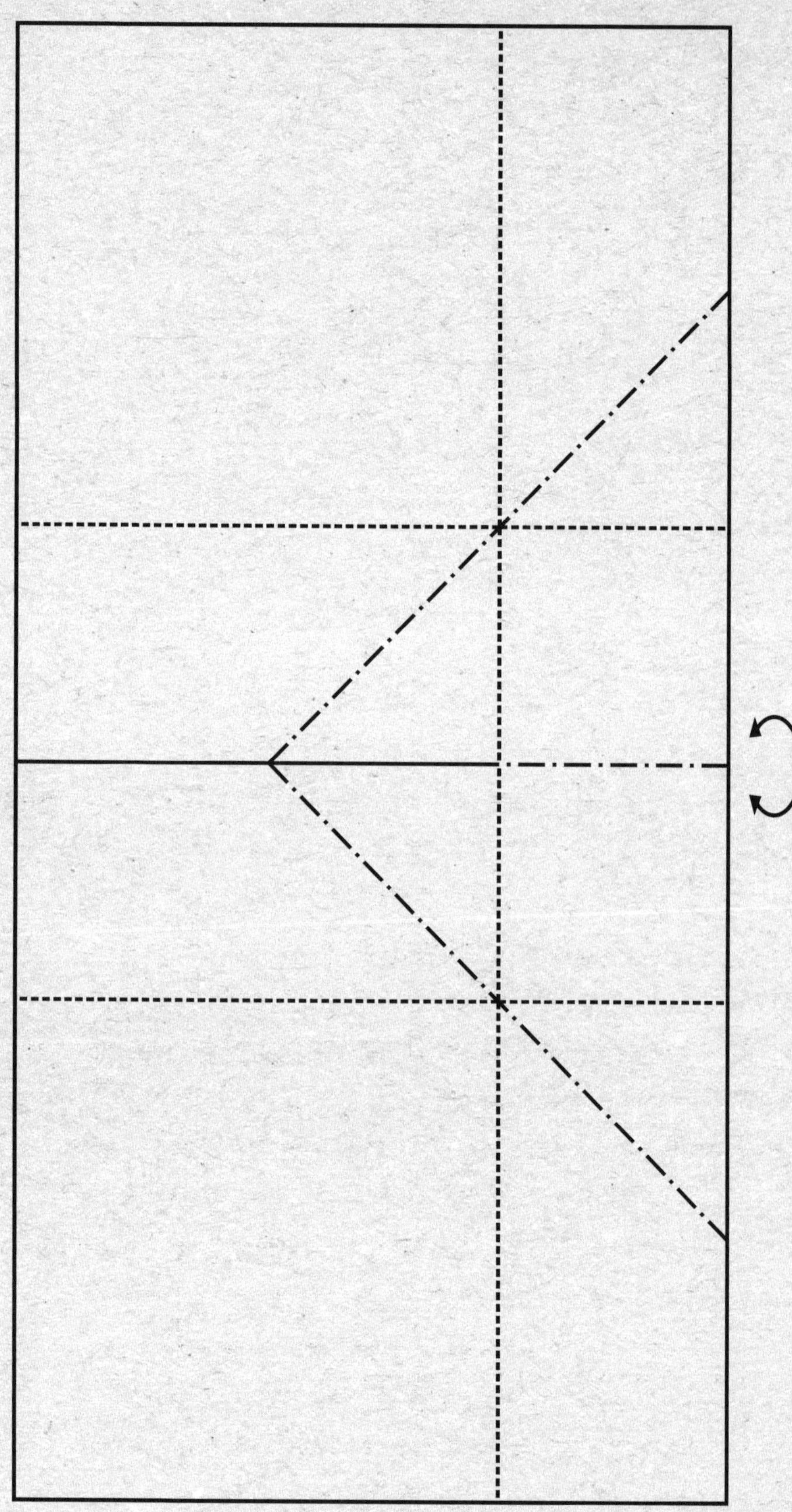

②

①《螺旋花瓣立体书》
爱德华·哈钦斯设计，2002 年

②③ 折叠模块的设计图和不同模块组装的平面图，用一张 1.1 米 ×1.1 米的大纸制成；图中，1 代表最终成形的立体书的封面，2 代表封底

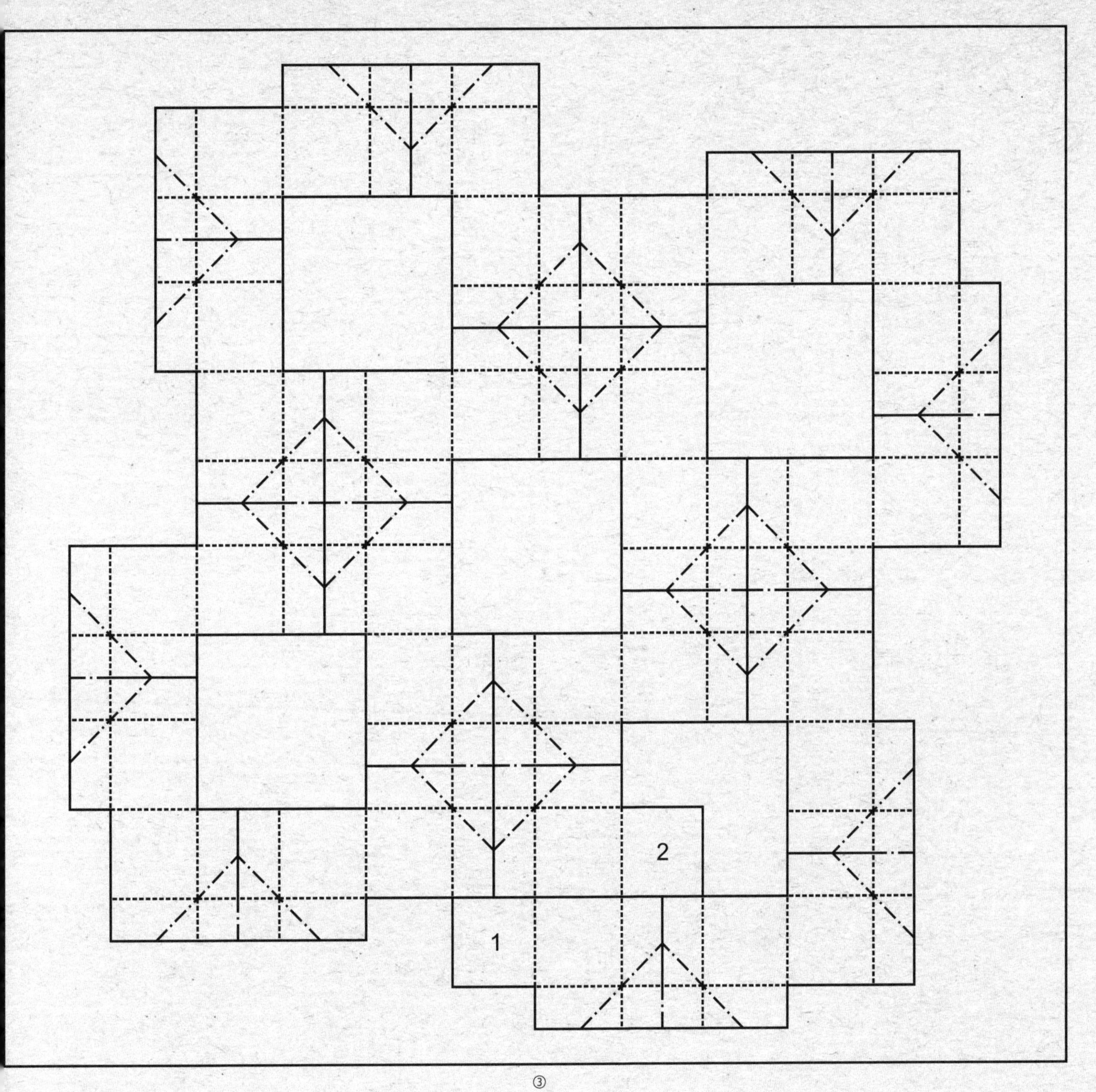

③

致谢

在此向立体书工匠、纸艺工程师、收藏者、插画师、摄影师以及所有这个领域的爱好者表示感谢：
安德里亚·迪兹、安妮特·文斯特拉、安娜-索菲·鲍曼等。

感谢以下人员的热情帮助和参与：
阿尔本·高斯、亚历山大·古杜阿尔等。

感谢 Alternatives 出版社等团队。

鸣谢：雅克·德斯、蒂博·布鲁内索、蒂埃里·德斯努埃等。

特别鸣谢：尼科尔、丹尼斯、莉莉安和盖丹等人一直以来的建议和鼓励。

①

① 莫斯科尼诺的立体卡片，2011 年

参考书目

Architectures à découper, Catalogue d'exposition, Arc en Rêve, Bordeaux, 1987.
ATELIER DU LIVRE DE MARIEMONT, *Livre et enfance, entrecroisements*, éditions Esperluette, 2008.
BADALUCCO Laura, *Kirigami*, Celiv, Paris, 1997.
BARTON Carol, *The Pocket Paper Engineer, How to Make Pop-ups Step-by-Step. Vol.1*, Popular Kinetics Press, Glen Echo, MD, 2005.
BARTON Carol, *The Pocket Paper Engineer, How to Make Pop-ups Step-by-Step. Vol.2* Popular Kinetics Press, Glen Echo, MD, 2008.
BIRMINGHAM Duncan, *Pop-Up Design and Paper Mechanics*, GMC Publications Ltd., 2010.
CARTER David A., DIAZ James, *The Elements of Pop-Up*, Simon & Schuster, 1999.
CHATANI Masahiro, *Origamic Architecture of Masahiro Chatani*, Shokokusha, Tokyo, 1983.
CHATANI Masahiro, *Pattern Sheets of Origamic Architecture*, Shokokusha, Tokyo, 1984.
CHATANI Masahiro, *Four Seasons of Origamic Architecture*, Shokokusha, Tokyo, 1984.
CHATANI Masahiro, *Key to Origamic Architecture*, Shokokusha, Tokyo, 1985.
CHATANI Masahiro, *Origamic Architecture Around the World*, Shokokusha, Tokyo, 1987.
CHATANI Masahiro, NAKAZAWÀ Keiko, *Pop-up, Geometric Origami*, Ondorisha, Tokyo, 1994.
DELARUE Jean-Marie, *Morphogenèse*, Paris Villemin, Paris, 1992.
DESSE, Jacques, *Livres animés*. Une exposition organisée par Jacques Desse et le Marché Dauphine, 2002.
DUPPA-WHYTE Vic, *Incredible Paper Machines*, Ward Lock, London, 1976.
FRANCHI Pietro, *Apriti libro ! Mecanismi, figure, tridimensionalità in libri animati dal XVI al XX secolo*, Edizioni Essegi, Ravenna, 1998.
JACKSON Paul, *Pliages et découpages*, Manise, Paris, 1996.
JOHNSON Paul, *Pop-up Paper Engineering*, The Falmer Press, Londres, 1992.
HINER Mark, Paper *Engineering for Pop-Up Books and Cards*, Tarquin Publications, 1985.
HINER Mark, *Up-Pops, Paper Engineering with Elastic Bands*, Tarquin Publications, 1991.
HUTCHINS Ed, *Book Dynamics !*, Editions, 2009.
IRVINE Joan, *How to Make Pop-ups*, Kids Can Press, Toronto, 1987.
Livres en forme(s) pop-up et Cie, catalogue d'exposition, bibliothèque de Toulouse, 2010.
New Encyclopedia of Paper-Folding Designs, Pie books, Tokyo, 2003.
NIEVERGELT Dieter, *Architecture de papier*, Musée historique de Lausanne, 2000-2001.
PELACHAUD Gaëlle, *Livres animés, du papier au numérique*, L'Harmattan, Paris, 2010.
RAZANI Ramin, Kirigami, *Faszinierende Grußkarten*, Knaur Ratgeber Verlage, Munich, 2006.
RAZANI Ramin, *Phantastische Papierarbeiten*, Augustus Verlag, Augsburg, 1993.
RUTZKY Jeffrey, *Kirigami*, Barnes and Nobles, New York, 2007.
SHARP John, *Surfaces, Explorations with Sliceforms*, Tarquin, 2004.
SILIAKUS Ingrid, GARRIDO BIANCHINI Maria Victoria, AYSTÀ Joyce, *Architectural Origami*, Apple Press, Londres, 2009.
STURROCK Sheila, *Making Mechanical cards*, GMC Publications Ltd, 2009.
STEVENS Clive, *L'Art du papier*, Könemann, 1997.
TREBBI Jean-Charles, *L'Art du pli*, éditions Alternatives, Paris, 2008.
TREBBI Jean-Charles, *L'Art de la découpe*, éditions Alternatives, Paris, 2010.
Vojtech Kubasta, *Magie di carta di un artista praghese, (1914-1992)*, Edizioni Giacché, La Spezia, 2011.
YOSHIDA Miyuki, *The Art of Paper Folding for Pop-up*, PIE Books, 2008.

②

③

④

②《每日快讯儿童年鉴》第 3 期，路易斯·吉罗编，伦敦，1931 年

③《Tip 和 Top 在月球上》，沃伊捷赫·库巴什塔，布拉格阿蒂亚出版社，朱利安·拉帕拉德藏品，1965 年

④《立体心理书》，安托万·迪图瓦和马尔维娜·阿加什，2006 年

①

②

①《城市梦境》，玛蒂尔德·阿诺，克洛伊·杜蒙多配图

②《王子和公主》，让-夏尔·特雷比，2009 年

图片来源

p. 2 mc : Kristine Suhr ; bg : Bernard Duisit ; hd : FrançoisTrebbi ; p. 3 : hg : Icinori ; bg :A. G.Pimenta ; p. 4 hg : K. Suhr ; mg et bg : DenisTrebbi ; p. 5 md : P. Lecoq ; p. 6 : K. Suhr ; p. 7 hd : J. Desse ; p.8 hg : B. Milonas ; bg : J. Desse ; p. 9 hg : Genkikyoto ; hm :T. Kihara ; p. 9 hd et p. 10 hg et bd : Gaston Boussières, B. M.Toulouse ; p. 10 hd : J. Desse ; p.10 bg : Brigitte Milonas ; p. 11 hd et bd : G.Albanèse ; p. 12 hg et p. 13 bd : J. Desse ; p. 13 hg et bg : K. Suhr ; p. 14 : P. Lecoq ; p. 15 bd : Névine Marchiset (ILAB-LILA); p. 16 hd : G.Boussières, B. M.,Toulouse ; p. 16 bg, Pli 1 hd, bg, mc et bd, Pli 2 hg, hm et hd, Pli 3 hd , bm et bd, Pli 4 hd et bd, Pli 5 bg, Pli 7 bg, hd et bd, Pli 8 hg et bg, Pli 9 bm : J. Desse ; Pli 2 bg et bd , et Pli 3 bg : Graziella Albanèse ; Pli 5 hg et Pli 8 bd : Kristine Suhr ; Pli 8 hd: Librairie A. Blaizot ; Pli 9 hd: P. Lecoq ; Pli 10 bd : David Carter ; autres photos du dépliant non mentionnées : DR ; p. 18 pp : B. Milonas ; p. 20 hg : DR ; bd : B. Milonas ; p. 21 hd et md : J. Desse ; p. 23 hd : DR ; bg : K. Suhr ; p. 24 : hd et hg : Paul E.Wehr ; bg: K. Suhr ; p. 25 hg: H. Rubin ; p. 26 bg et p. 27 bg : M. Loi ; p. 29 : M. etT. Simkin ; p. 30 : D. Trebbi ; p. 31 : hd et hg : P. Franchi ; p. 32 hd et bd : Marina Boucheï ; mc : Gaëlle Pelachaud ; p. 33 : Patricia Cavrois ; p. 34 : hd, md et bd : K. Suhr ; bg : M. Boucheï ; p. 35: hg : Ed Hutchins, hd: Laura Coldwell; mc et bd : SteveWarren ; p. 36 pp et p. 37 hd : Péter Hapak ; p. 37 bd : Andrea Dezsö ; p. 37 bg : Nash Baker ; p. 38 hd, md et bd : Carol Barton ; p. 39 hg et mg : Patricia Cavrois ; p. 39 md, bd : Claire Hannicq ; p. 42 bd : Simon Lautrop ; p. 43 bd : Ramin Razani ; p. 44 : hd, md : Marivi ; p. 44 bg : Brigitte Husson ; bd : Kyle Olmon ; p. 45 hg : Cnum; bg : P. Fouché ; p. 46 bg : P. Lecoq ; p. 47 md : G.Albanèse ; p. 48 mg : P. Lecoq ; p. 50 hd et mc : Charles Doc Santee ; p. 51 hg et bg : Joan Michaels Paque ; p. 51 hd : Matt Shlian ; p. 52 hd et p. 53 bg : Mark Hiner ; p. 53 mc :T. Kihara ; p. 54 bg : K. Nakazawa ; p. 54 bd : T. Kihara ; p. 55 bd et hd : Ingrid Siliakus ; p. 56 : E. Beregszaszi ; p. 57 mc et bg : L. Mancosu ; hd et md : M. Loi ; p. 58 md : J. M. Paque ; p. 59 :T. Stolyarova ; p. 60 : Hiroko Momoi ; p. 61 : S.Yee Shing ; p. 62 pp : K. Komagata ; p. 64 md, bd et p. 65 bg : B. Milonas ; p. 65 hd : Elise Canaple et Guillaume Gast ; p. 66 : Ann Montanaro ; p. 67 : Ellen G. K. Rubin ; p. 68 : GérardVeenstra ; p. 69 : Julien Laparade ; p. 70 - 71 : P. Lecoq ; p. 72 : Bernard Farkas ; p. 73 : Jérôme Charlet ; p. 74 hg : B.Milonas ; p. 77 : P.Lecoq ; p. 78 hg : archives O.P.L.A ; p. 79 bg et bd : Katsumi Komagata ; p. 80 hg : Librairie Auguste Blaizot ; p. 80 bd : Fluide Glacial ; p. 81 hd : Sam Ita ; p. 81 md : Mathilde Arnaud ; p. 82 hd : Brigitte Husson ; p. 82 md et p. 83 hg : M-Ch. Guyonnet ; p.83 mg : Isabelle Faivre ; p. 83 hd et md :Antoine Duthoit et Malvina Agache ; p. 84 : Gaëlle Pelachaud ; p. 85 : Paul Johnson ; p. 86 pp : Mayumi Otero et Raphaël Urwiller ; p. 88 et p. 89 : Andrew Baron ; p. 90 - 91 : David Carter ; p. 92 - 93 : Robert Sabuda ; p. 94 : Chuck Fischer ; p. 95 : Kees Moerbeek ; p. 96 - 97 : Bruce Foster ; p. 98 : Kristine Suhr et Peter Lautrop ; p. 100 -101 : Ray Marshall ; p. 102 -103 : Tina Kraus ; p. 104 : Eric Singelin ; p. 105 hg et bg : Valérie Keruzoré ; p. 105 : hd , mc et bd : Kyle Olmon ; p. 106 : Peter Dahmen ; p. 107 : Massimo Missiroli ; p. 108 - 109 : Michel Blondeau ; p. 110 : UG ; p. 112-113 : Sam Ita ; p. 114 : Steve Augarde ; p. 115 : Jennie Maizels etWalter books Ltd ; p. 116 - 117 : Martin Graf ; p. 118 - 119 : Louise Rowe ; p. 120 - 121 : M. Arnaud ; p. 122 : E. Mroziewicz ; p. 123 : André Garcia Pimenta ; p. 124 hg : Les Associées réunis ; bg : Ed. Hélium ; p. 125 hd : Ed. Hélium , bg : G. Lo Monaco, Les Associées réunis ; p. 126 hg : Sébastien Rom ; mg, bg, bd : Bernard Duisit ; p. 127 hm, mc et bg : A. Boisrobert et Louis Rigaud ; p. 128 : Icinori ; p. 129 : Kit Lau ; p. 130 pp : C. Baladi et A. Roi ; p. 132 mc et bd : Takaaki Kihara ; p. 132 : hd et p. 133 : hd : Damien Schoëvaërt-Brossault ; p. 134 hg et bg : EungYoung Kim Pernelle ; p.135 hd : Jean-Michel Etchemaïté ; p.135 mc : UG, bd : Ph. Delacroix ; p. 136 mc :A-S Baumann ; hd : Katy Davis ; p. 137 hg : et mc : Katy Davis ; bg et bd : Chris Northey ; p. 140 hd : Nadia Corazzini ; p. 141 : hg, mg et bg : Arnaud Roi ; p. 142 : Takaaki Kihara ; p. 143 hd et md : Brigitte Milonas ; p. 144 dos dépliant : Ray Marshall ; p. 149 : Ed Hutchins ; p. 152 : Marivi ; p. 154 :T. Stolyarova ; p. 156 : Ed Hutchins ; p.158 : F. Moscovino ; p.159 hd : K. Suhr , md : J. Laparade, bd : A. Duthoit ; p. 160 hg : Mathilde Arnaud.

P. 2 : hg et bd, p. 5 hg, hd, md et bg , p. 7 bd, p. 9 bg , p. 12, mg et bg, p. 13 hd , p. 15 hd et mc, p. 16 hm, p. 17, Pli 1 hg, Pli 3 hg, Pli 4 hd et bg, Pli 6 bg, Pli 9 hg , bg et bd, Pli 10 hg, bg, bm et hd, p. 21 bg, p. 22, p. 25 hd, p. 26 hd, p. 27 hd, p. 28, p. 40, p. 41, p. 42 hg, p. 43 hg, hd, mc, p. 45 hd, p. 46 hg, p. 47 hd et bd, p. 48 hg et bd, p. 49, p. 50 bg, p. 52 bg, p. 54 hg, p. 58 hd et bd, p. 64 hg, p. 65 hg, p. 74 hd, mg et bd, p. 75, p. 76, p. 79 hd, p. 81 bg et bd, p. 82 bd, p. 83 mc et bg, p. 111, p. 127 bd, p. 133 md, p. 138 hg, p. 139, p. 141 bd, p. 143 bg, p. 148 bd, p. 151 hg, p. 160 mg : J-Ch. Trebbi.

Infographie des pictogrammes du dépliant technique : Bernard Duisit.

Infographie des diagrammes et des modèles : p. 30 à 32 et 148 à 157 : DenisTrebbi.

Les photos non mentionnées sont de l'auteur. Malgré nos recherches certains photographes n'ont pu être identifiés à ce jour, nous sommes prêts, après authentification de leurs images, à apporter les modifications nécessaires.

CONCEPTION VISUELLE ET MISE EN PAGE : DENIS COUCHAUX.

图书在版编目（CIP）数据

立体书艺术 / (法)让-夏尔·特雷比著；潘鑫鑫译
. -- 成都：四川美术出版社, 2021.10
ISBN 978-7-5410-9861-1

Ⅰ. ①立… Ⅱ. ①让… ②潘… Ⅲ. ①书籍装帧—立体设计 Ⅳ. ①TS881

中国版本图书馆CIP数据核字(2021)第143948号

L'ART DU POP UP ET DU LIVRE ANIMÉ by Jean-Charles Trebbi
First published by Editons Gallimard, Paris

著作权合同登记号 图进字21-2021-97

立体书艺术

LITISHU YISHU

[法] 让-夏尔·特雷比 著
潘鑫鑫 译

选题策划 后浪出版公司
出版统筹 吴兴元
编辑统筹 郝明慧
责任编辑 杨 东 温若均
特约编辑 刘叶茹
责任校对 袁一帆 汤来先
责任印制 黎 伟
营销推广 ONEBOOK
装帧制造 墨白空间·Yichen
出版发行 四川美术出版社
（成都市锦江区金石路239号 邮编：610023）
成品尺寸 220mm × 240mm
印 张 $13\frac{2}{3}$
插 页 2
字 数 140千字
图 幅 600幅
印 刷 鹤山雅图仕印刷有限公司
版 次 2021年10月第1版
印 次 2021年10月第1次印刷
书 号 978-7-5410-9861-1
定 价 138.00元

读者服务：reader@hinabook.com 188-1142-1266
投稿服务：onebook@hinabook.com 133-6631-2326
直销服务：buy@hinabook.com 133-6657-3072
网上订购：https://hinabook.tmall.com/（天猫官方直营店）

艺术，让生活更美好

更多书讯，敬请关注
四川美术出版社官方微信